Diese Neuausgabe von Paul Virilios erstem Werk, das bereits 1975 veröffentlicht und nun vom Autor durch ein neues Nachwort ergänzt wurde, zeigt die erschreckende Aktualität des Themas der „großen Einschließung".
In jahrelanger Recherche- und Dokumentationsarbeit hat Paul Virilio die Bunkeranlagen des von den Nazis erbauten „Atlantikwalls" an der französischen Atlantikküste untersucht und präsentiert die Ergebnisse – Fotografien, Kriegsweisungen, Karten – im Rahmen von philosophischen Essays. „Wenn man die zur Hälfte vergrabene Masse eines Bunkers mit seinen verstopften Belüftungsanlagen und dem schmalen Schlitz des Beobachtungspostens betrachtet, dann schaut man in einen Spiegel und gewahrt das Spiegelbild unserer eigenen Todesmacht, unserer eigenen Destruktivität, das Spiegelbild der Kriegsindustrie."

Paul Virilio wurde 1932 in Paris geboren. Er leitete von 1972 bis 1975 die École Spéciale d'Architecture und lebt heute als Architekt, Stadtplaner und Schriftsteller in La Rochelle.

BUNKERARCHÄOLOGIE

PASSAGEN FORUM

Paul Virilio
Bunkerarchäologie

Aus dem Französischen von Bernd Wilczek

Herausgegeben von Peter Engelmann

Passagen Verlag

Titel der Originalausgabe: *Bunker Archéologie*
Aus dem Französischen von Bernd Wilczek
Übersetzung des Nachworts von Paul Maercker

Cet ouvrage a bénéficié du soutien des Programmes d'aide à la publication de l'Institut français et de l'aide à la traduction de l'Ambassade de France en Autriche dans le cadre du „Programme Musil".

Die Deutsche Bibliothek verzeichnet diese Publikation in der Deutschen Nationalbibliografie; detaillierte bibliografische Daten sind im Internet über http://www.d-nb.de/ abrufbar.

ISBN 978-3-85165-960-3

http://www.passagen.at
Grafisches Konzept: Gregor Eichinger
Satz: Passagen Verlag Ges. m. b. H., Wien
Druck: Ferdinand Berger & Söhne GmbH, 3580 Horn

Capitaine Jean Gruault gewidmet

Inhalt

Anhang

Der hier gemeinte Kampf ist ursprünglicher Kampf; denn er läßt die Kämpfenden allererst entspringen; er ist nicht bloßes Berennen von Vorhandenem. Der Kampf entwirft und entdeckt erst das Unerhörte, bislang Un-gesagte und Un-gedachte. Kampf wird dann von den Schaffenden, den Dichtern, Denkern, Staatsmännern getragen. [...] Wo der Kampf aussetzt, verschwindet zwar das Seiende nicht, aber Welt wendet sich weg.

Martin Heidegger

„Karola“, Gefechtsleitturm am Atlantik

Vorwort

In meiner Jugend war der freie Zugang zur europäischen Küste wegen Bauarbeiten verboten; man baute dort gerade einen Wall. So sah ich das Meer zum ersten Mal im Sommer 1945 an der Mündung der Loire.

Die Entdeckung des Meeres ist eine kostbare Erfahrung, die es verdienen würde, daß man über sie nachdenkt. Das Erscheinen des Meereshorizontes ist in der Tat keine beiläufige Erfahrung, sondern ein Bewußtseinsereignis mit ungeahnten Folgen.

Ich habe keine Sequenz dieser Entdeckung in jenem Sommer vergessen, in dem der wiederhergestellte Frieden und die Aufhebung des Verbots für mich ein und dasselbe Ereignis bedeuteten. Nachdem die Absperrungen entfernt worden waren, besaß jedermann die Möglichkeit, sich dem flüssigen Kontinent zu nähern; die Besatzer waren wieder zurückgekehrt in ihr Hinterland, aus dem sie stammten, und hatten mit ihrer Baustelle auch ihr Werkzeug und ihre Waffen verlassen. Die Villen am Meer waren leer, man hatte alles in die Luft gesprengt, was das Schußfeld der Bunker versperrte, die Strände waren vermint, und die Feuerwerker machten sich hier und da daran, den Zugang zum Meer freizulegen.

Die klarste Empfindung war immer noch die von Abwesenheit: Der riesige Strand von La Baule lag verödet, auf dem weißen Sand der Bucht befanden sich weniger als zehn Menschen, auf den Straßen gab es keine Fahrzeuge: zu sehen war eine Grenze, die gerade erst von einer Armee geräumt worden war, und die Bedeutung dieser unendlichen Weite des Meeres war für mich untrennbar verbunden mit diesem Anblick eines verlassenen Schlachtfeldes.

Kehren wir aber zu den Sequenzen des auftauchenden Meeres zurück. Der Schienenbus, in dem ich mich befand und in dem ich mir das Meer vorstellte, durchquerte langsam die flache Landschaft von Brière. Es war herrliches Wetter, und der Himmel über dem flachen Erdboden leuchtete, so schien es, von Minute zu Minute heller. Diese wohlbekannte Helligkeit der Atmosphäre in der Nähe des großen Reflektors war an sich schon etwas Neues, die Klarheit, für die ich so empfänglich war, nahm in unmittelbarer Nähe des Ozeans noch zu, genau bis zu dem Augenblick, in dem eine Linie, gleichmäßig wie ein Pinselstrich, den Horizont versperrte: ein grün-grauer, beinahe meergrüner Strich, ein Strich aber, der immer schneller auf die Grenze des Horizonts zulief. Im Vergleich zum Leuchten des Himmelsblaus war die Farbe enttäuschend, aber die Ausdehnung des Meereshorizonts war wirklich erstaunlich: War es möglich, daß ein so weiter Raum nicht versperrt ist? Diese Unverstelltheit des Blicks in die Weite und in die Tiefe löste bei mir die eigentliche Verwunderung aus. Selbst der Himmel war durch Wolken markiert; nur das Meer schien vollkommen leer. Aus so großer Entfernung deutete nichts auf die Bewegung der Gischt hin, das Nichtvorhandensein von Orientierungspunkten wies auf ein neues Element hin, das Meer erschien mir wie die Wüste, und die Augusthitze verstärkte noch diesen Eindruck eines bis zur Weißglut erhitzten Raums, in dem Sonne und Ozean ein Brennglas bildeten, das die Modellierung, die Kontraste verbrannte.

Die Bäume, die Pinien traten als dunkle Punkte hervor; der Platz vor dem Bahnhof war zugleich weiß und leer, es herrschte jene eigentümliche Leere von Schauplätzen, die gerade erst verlassen wurden. An diesem Mittag formten die leuchtende Vertikalität und die flüssige Horizontalität eine erstaunliche Atmosphäre. Zwischen den Häusern, an offenstehenden Fenstern entlang voranschreitend, konnte ich es kaum noch erwarten, daß nichts mehr meinen Blick auf den Horizont des Atlantiks verstellte; ich konnte es tatsächlich kaum erwarten, endlich an meinem ersten Strand anzukommen. In dem Maße, wie ich mich der Strandpromenade näherte, erhob sich der Wasserspiegel zwischen den Pinien und den Villen, der Ozean vergrößerte sich, wobei er mehr und mehr meinen perspektivischen Raum ausfüllte; als ich schließlich die parallel zum Meeresufer verlaufende Straße überquerte, schien die Bodenlinie bis in die Brandung unterzutauchen, und glatt, ohne Wellen, beinahe lautlos bot sich mir ein letztes Element dar: das hydrosphärische.

Wenn ich an die Beweggründe denke, die mich vor nun fast zwanzig Jahren zu den Bunkern hingezogen hatten, sehe ich wohl, daß es sich vor allem um eine Intuition und auch um eine Konvergenz zwischen der Realität des Bauwerkes und derjenigen seines Standortes am Meer handelt; eine Konvergenz zwischen meiner Aufmerksamkeit für die räumlichen Phänomene, die so starke Faszination der Küstenstriche und genau diesem Standort der zur Weite hin, zur Leere hin gelegenen Befestigungsbauten des „Atlantikwalls".

Die auslösende Begebenheit – die Entdeckung, ganz im archäologischen Wortsinn – ereignete sich im Sommer 1958 längs des Strandes im Süden von Saint-Guénolé. Ich stand gegen ein Betonmassiv gelehnt, das mir zuvor als Badekabine gedient hatte; ich hatte die in Badeorten üblichen Spiele erschöpft hinter mich gebracht und war nun freier als in den Ferien. Mein Blick fiel auf die Horizontlinie des Ozeans, auf die Sandperspektive zwischen dem Felsmassiv von Saint-Guénolé und dem Hafendamm von Guilvinec im Süden. Es waren nur wenige Menschen zu sehen, und dieser ungehinderte Überblick lenkte mich zu meinem eigenen Gewicht zurück, zur Hitze und zu dieser festen Rückenstütze, gegen die ich mich lehnte: ein Block aus schräg abfallendem Beton, ein wertloses Ding, das mein Interesse bisher lediglich als ein Überrest aus dem Zweiten Weltkrieg zu wecken vermochte, als die Veranschaulichung einer Geschichte, der Geschichte des totalen Krieges.

Ich drehte mich also einen Augenblick um, um zu sehen, was mir mein in die Weite sich erstreckendes Blickfeld nicht zeigte: die schwere graue Masse, in der die Spuren der Verschalungsbretter auf der schräg abfallenden Rampe so etwas wie eine winzige Leiter formten. Ich stand auf und beschloß, um dieses Bauwerk herumzugehen, so, als sähe ich es zum erstenmal: die Schießscharte unmittelbar über dem Sand, hinter der Schutzblende, die zum bretonischen Hafen hin geöffnet ist und heute auf harmlose Badende zielt, die rückwärtige Verteidigungseinrichtung mit der Eingangsschikane und das dunkle Innere, in das das Licht durch die auf den Strand hin ausgerichtete Öffnung für die Waffe, für die Geschützmündung einfällt.

Der stärkste und unmittelbare Eindruck war das zugleich innere wie äußere Gefühl von Vernichtung. Die leicht geneigten Mauern waren in den Boden eingedrungen und hatten aus diesem kleinen Bunker einen festen Sockel gemacht, die Düne hatte sich in den Innenraum vorgeschoben, und dessen Beengtheit wurde noch durch die Dichte des

Sandes betont, der den Fußboden bedeckte. Kleider und Fahrräder lagen herum, geschützt vor Neugierigen und Dieben; ein Gegenstand hatte seine Bedeutung verändert, und dennoch bestand eine Schutzfunktion weiterhin fort.

Eine ganze Reihe kultureller Reminiszenzen kam mir in den Sinn: die altägyptischen Gräber, die etruskischen Gräber, die Bauten der Azteken. . ., so als sei dieses Bauwerk der leichten Artillerie mit den Bestattungsriten identisch, als hätte die Organisation Todt letztlich nichts anderes im Sinn gehabt, als einen sakralen Raum zu organisieren. . .

All dies war in der Tat erst ein skizzenhafter Entwurf, aber meine Neugierde war von nun an geweckt; meine Ferien waren plötzlich zu Ende, und ich ahnte, daß diese Küstenbegrenzungen mich viel über das Zeitalter, aber auch über mich selbst lehren würden.

An diesem Tag wurde der Plan geboren, die bretonischen Küsten zu inspizieren, indem ich mich, zumeist zu Fuß, immer weiter an der Brandungslinie entlangbewegte; auch mit dem Auto, um die weiter entfernten Kaps in Richtung Audierne und Brest im Norden und in Richtung Concarneau im Süden in Augenschein zu nehmen.

Mein Vorhaben war rein archäologischer Natur. Ich jagte diese grauen Formen, damit sie mir einen Teil ihres Geheimnisses preisgäben, einen Teil dieses Geheimnisses, das in wenigen Sätzen zusammengefaßt werden konnte: Warum wurden diese außergewöhnlichen Bauwerke im Gegensatz zu den Villen am Meer nicht wahrgenommen, ja, nicht einmal entdeckt? Warum diese Analogie zwischen dem Archetyp der Totenbestattung und der militärischen Architektur? Warum dieser absurde Standort zum Ozean hin, diese Wartestellung im Angesicht der Unendlichkeit des Meeres? Bis dahin waren die Befestigungen auf ein genaues, begrenztes Ziel hin ausgerichtet: die Verteidigung eines Durchgangsweges, eines Hügels, von Märkten, Tälern oder auch die Verteidigung eines Hafens, wie etwa die Türme von La Rochelle; sie übten ganz plausibel und sinnfällig ein „Wärteramt" aus, das der Funktion eines Pförtners ähnlich war. Hier aber stieß ich über viele Strandkilometer hinweg, die ich täglich ablief, auf diese Betonmarkierungen auf den höchsten Punkten der Dünen, den Gipfeln der Felsen, quer über die offenen, transparenten Strände, mit dem Himmel, der zwischen der Schießscharte und dem Eingang spielte, so als wäre jeder kleine Bunker eine leere Arche oder ein kleiner Tempel ohne Religion. Tatsächlich war die gesamte Küstenfläche auf diese Weise in aufeinanderfolgenden Stützpunkten organisiert. Man konnte tagelang am Meer entlanggehen, und beständig stieß man auf diese Betonaltare, errichtet im Angesicht der Leere des Meereshorizontes.

Die Maßlosigkeit dieses Projekts war es wohl, die den gesunden Menschenverstand überstieg; der totale Krieg wurde hier in seiner mythischen Dimension enthüllt. Die Strecke, die ich damals auf dem Glacis der Festung Europa in Angriff nahm, sollte mich einweihen in die Realität der abendländischen Geometrie und in die Funktion der Einrichtung der Landschaften, der Kontinente, der Erde.

Alles war plötzlich unermeßlich weit, die kontinentale Schwelle wurde zum Boulevard, zur Linearität meiner Forschungsreise; Sonne und Sand bildeten ein persönliches Territorium, zu dem ich wachsende Zuneigung entwickelte. Das ununterbrochene Band von Dünen, Kieseln, dieser Felsenkamm, der sich entlang der Küste erstreckt, bilden eine namenlose Landschaft, in der man die drei Wechsel erkannte: die Lufträume, die Wasserräume und das Ende des aus dem Meer auftauchenden Landes. Die einzigen Orientierungspunkte auf meiner Reise vom Süden in den

Norden Europas waren diese Stelen mit noch unbestimmter Bedeutung. Eine ganze lange Geschichte sammelte sich hier, diese Betonblöcke waren in der Tat die letzten Sprößlinge einer Geschichte der Grenzen, angefangen beim römischen Limes bis zur Chinesischen Mauer; die Bunker, letzte militärische Oberflächenarchitektur, sind genau in dem Augenblick an den Landgrenzen gestrandet, in dem der Himmel seinen Einzug in den Krieg hielt; sie begrenzten die horizontale Küstenlinie, die kontinentale Grenze. Die Geschichte hatte vor ihrem Sprung in die unendliche Weite des Luftraumes ein letztes Mal ihren Lauf geändert.

Meine Nachforschungen brachten es manchmal mit sich, daß ich in eine Hafensiedlung kam. Was mich dann am meisten erstaunte und stutzig machte, war die Tatsache, daß ich dort inmitten van Hafen und Gärten auf meine Unterstände aus Beton stieß; ihre düstere und niedrige Masse mit abgerundeten Konturen paßte nicht in das urbane Umfeld. Als ich diese festgefügten Formen zwischen den Häusern, in den Höfen und auf den Plätzen sah, machte das auf mich den Eindruck, als sei eine unterirdische Zivilisation plötzlich aus dem Erdboden aufgetaucht. Dem Eindruck der Modernität dieser Architektur wirkte die äußerliche Verwahrlosung, ihre Baufälligkeit entgegen: diese Gegenstände waren verwahrlost, farblos, ihre Form aus grauem Zement machte sie zu einem einfachen Zeugnis eines kriegerischen Klimas. Etwa so, wie in bestimmten Science-fiction-Romanen, in denen ein mitten auf der Straße gelandetes Raumfahrzeug den Krieg der Welten, die Konfrontation mit nichtmenschlichen Gattungen ankündigt, so verliehen diese in den Lücken der urbanen Freiräume, neben der Schule oder dem Bistrot des Wohnviertels errichteten massiven Sockel der Befragung der Gegenwart einen neuen Sinn.

Warum sollte man noch über die Formen der modernen Architektur eines Le Corbusier verwundert sein? Warum von „Brutalismus“ reden? Und vor allem: warum das Habitat unseres Alltags, das sich seit Jahrzehnten kaum verändert hat?

Diese schweren, grauen Blöcke mit abgetragenen Winkeln und ohne Öffnungen – mit Ausnahme einiger Luftlöcher, einiger durch Schranken gesicherter Türen – offenbarten sinnfälliger als viele Manifeste die architektonischen und urbanistischen Redundanzen dieser Nachkriegszeit, in der die zerstörten Städte in ihrer alten Gestalt wieder aufgebaut worden waren. Die Luftabwehrbunker kennzeichneten eine andere Lebensweise, einen Bruch in der Furcht vor dem Realen. Einst war der blaue Himmel mit Bedrohungen, mit dem schweren Dröhnen der Bomber beladen, genauso wie er mit dem dumpfen Krepieren des Artilleriefeuers übersät war. Dieser direkte Vergleich der urbanen Wohnverhältnisse mit dem Unterstand, der normalen Wohngebäude mit dem Bunker, der in den Hafenorten, die ich durchquerte, nicht gebräuchlich war, hatte die Wucht einer Gegenüberstellung, einer Collage von zwei ungleichen Wirklichkeiten. Die Luftschutzräume erzählten von der Angst der Menschen, und die nach normativen Systemen errichteten Wohnungen reproduzierten unaufhörlich die Stadt, die Städte, das Urbane.

Die Blockhausbunker waren anthropomorph, ihre Gestalt nahm diejenige des menschlichen Körpers wieder auf; die Wohneinheiten waren nichts als die willkürliche Wiederholung von Modellen, eines sich immer gleichbleibenden orthogonalen und parallelepipedischen Modells. Der Bunker, der in den Vertiefungen der Küstenlandschaft so einfach zu tarnen war, erregte hier Anstoß, und seine Modernität resultierte weniger aus der Originalität seines

Profils als vielmehr aus der extremen Einfachheit der ihn umgebenden architektonischen Formen. Das geschwungene Profil führte so etwas wie eine Spur der Wölbung der Dünen und der naheliegenden Hügel in die Hafenviertel ein, und vor allem diese Natürlichkeit war es, die Anstoß erregte. . . der Skandal des *Bunkers*.

Die Identifizierung dieser Konstruktion mir der deutschen Besatzungsmacht, so als hätte diese beim Rückzug beinahe überall entlang unserer Küsten ihre Helme, ihre Attribute vergessen. . . An einigen Bunkern waren noch feindselige Graffitis angebracht, die Betonflanken waren mit Beschimpfungen gegen den „Boche", mit Hakenkreuzen bedeckt, und das Interesse, das ich für sie zu haben schien, indem ich sie ausmaß oder fotografierte, führte manchmal dazu, daß mir selbst diese Feindseligkeit entgegenschlug. . .

Viele Bunker waren im Zuge einer ikonoklastischen Rache im Augenblick der Befreiung Frankreichs zerstört worden; man hatte ihre Schächte mit gefundener Munition aufgefüllt, und die Explosion des Betonmassivs hatte die Bewohner der Umgebung mit einer solchen Freude erfüllt, als hätte es sich um eine Hinrichtung ohne Gerichtsverfahren gehandelt. Viele Küstenbewohner erklärten mir, daß ihnen diese Betonbegrenzungen Furcht einflößten und daß sie unangenehme Erinnerungen wachhielten, wohl auch Trugbilder; denn die Wirklichkeit der Besetzung oder des Nazismus war anderswo zu finden, meist in den gewöhnlichen Verwaltungsgebäuden, in denen die Gestapo einquartiert war. Aber es waren diese Bunker, die die Soldateska symbolisierten.

Immer das Zeichen: Diese Bauwerke bündelten den Haß der Schaulustigen, so wie sie einst die Todesangst derjenigen bündelten, die sie in der Gefahr benutzten.

Für diejenigen, die sie damals betrachteten, waren sie noch keine archäologischen Objekte. Ich war, glaube ich, der einzige, der für diese entlang der europäischen Küste aufgereihten Grenzmarkierungen einen anderen Sinn, eine andere Bedeutung auftauchen sah.

Ich erinnere mich an eine Erwiderung, die ich vorbereitet und ausformuliert hatte, um den Neugierigen zu antworten, die die Beweggründe für meine Nachforschungen über den Atlantikwall in Erfahrung bringen wollten. Ich fragte sie, ob die Völker noch die Gelegenheit hätten, andere Kulturen zu erforschen, hierin eingeschlossen diejenige der Feinde, wenn es noch jüdische Ägyptologen gäbe. Die immer gleichlautende Antwort war: „Ja, aber das ist eine Frage der Zeit. . ., es muß Zeit vergehen, damit wir diese militärischen Monumente auf eine andere Art und Weise betrachten können."

In der Zwischenzeit füllten sich die Bunker mit Müll oder dienten weniger ideologisch denkenden Clochards als Unterkunft. Die Betonmauern bedeckten sich mit Reklame oder mit Plakaten, man sah Zavatta auf den Stahltüren, und Yvette Horner lächelte in der Schießscharte.

Meine Vision wurde, so scheint es, von den Zeitgenossen angefochten, und der halbsakraler Charakter der den Kindern zum Spielen überlassenen Strandaltäre wurde voller Groll bekämpft.

Welcher Art war diese Kritik? Wir lehnten die Bunker eher wütend als logisch begründet, geduldig, wie Symbole ab; ganz so, wie die Leute sagten: „es ist eine Frage der Zeit!" Das gleiche sagt man über eine Avantgarde mit Um welche Modernität handelte es sich bei diesen Trümmern der Geschichte? War der Krieg *prospektiv*?

Im Verlauf meiner Reisen entlang der europäischen Küsten vollzog sich eine Selektion, und ich nahm nur noch die Spuren des Verteidigungssystems klar wahr. Der Badealltag verschwand, der Raum, den ich damals inventarisierte, indem ich die verschiedenen Bunkertypen verzeichnete und ausmaß, gehörte einer anderen Geschichte an, nicht dem augenblicklichen Reiseerlebnis. Und der Konflikt, den ich zwischen dem Sommer der Seebäder und demjenigen der Schlachten wahrnahm, sollte niemals enden: Für mich würde die Organisation des Raumes nicht von den Manifestationen der Zeit zu trennen sein.

Dieser rein archäologische Hiatus veranlaßte mich, das Problem der architektonischen Archetypen nochmals zu überdenken: die Krypta, die Arche, das Schiff... Die Probleme der Ökonomie der Gebäude wurden nebensächlich, und ich sollte fortan die europäische Befestigungsanlage, diese leere Festung, im Verhältnis zum Wesen des architektonischen Faktums untersuchen.

Die unterschiedlichen Bunkertypen an den Stränden des Atlantiks, des Ärmelkanals und der Nordsee beobachtend, bemerkte ich einen Knotenpunkt, in dem sich mehrere Richtungen verknüpften. Der Betonblock war eine Zusammenfassung der jeweiligen Umgebung, und der Bunker stellte gleichfalls das Vorgefühl meiner eigenen Bewegungen dar: Wenn ich hinter der Düne seine Feuermündung entdeckte, dann war dies ein Stelldichein; wenn ich um die Befestigungsanlage herumging, um in ihr Inneres zu gelangen, und wenn die Schießscharte der hinteren Verteidigungsanlagen sich in der Einbuchtung der gepanzerten Tür zeigte, dann war es, als sei ich schon lange erwartet worden... Dieses Spiel löste ein Einverständnis zwischen dem leblosen Objekt und dem Besucher aus, es war aber das Spiel täglicher Gefahr, so daß dieses Einverständnis des Objekts mit dem Subjekt für viele furchterregend war. Die Bedeutung, die es annahm, war weniger die eines Rendezvous als vielmehr die einer Schlacht: „Wenn Krieg herrschte, würde es mich töten, also ist dieses architektonische Objekt abschreckend."

Bei der Besichtigung entwickelt sich so ein ganzes Spiel aus stillen Hypothesen: Entweder hat der Bunker keinen anderen Nutzen, als vor dem Wind zu schützen, oder aber er erinnert an sein kriegerisches Vorhaben, und man identifiziert ihn mit dem Feind, gegen den sich der Angriff richten muß, dieses dem Spiel der Kinder so nahe Simulacrum, der kleine Krieg. . . nach dem großen.

Neben dem Gefühl einer Gefahr, der man sich aussetzt, kann man das Bauwerk auch beschreiben, indem man sich an jedes einzelne seiner Elemente hält. Die stärkste Beunruhigung geht zweifellos von der durch die Dicke der Betoneinfassung verborgenen gepanzerten Tür mit ihrer Stahlklappe und ihrem Schließsystem aus; einer heute durch den Rost gleichsam verschweißten, schwer zu handhabenden, massiven Tür, die an den Flanken von kleinen trichterförmigen Schießscharten für die automatischen Waffen geschützt wird.

Diese enge Tür führt in einen luftdichten Kasten, bei dem das Luftgitter eher demjenigen eines Ofens als dem einer Wohnung ähnelt; alles zeugt hier von gewaltigen Druckverhältnissen, ganz so wie diejenigen, denen ein Unterseeboot ausgesetzt ist. . . Einige hintere Öffnungen tragen kartuschierte Inschriften, die die Nummer des Stützpunktes oder der Befestigungsanlage angeben; wieder andere tragen den Namen des Bunkers, einen weiblichen Vornamen, Barbara, Karola. . ., manchmal einen lustigen Spruch.

Wenn es sich um einen Teil einer Küstenbatterie handelt, dann ist die Schießscharte die eigentliche Hauptöffnung der Befestigungsanlage; ganz so, wie es der Name sagt, handelt es sich um eine „Schießmündung“, eine Ausschrägung, durch die die Waffe ihre Projektile ausspeien wird. Sie ist der Mittelpunkt des Bunkers, dasjenige architektonische Element, in dem seine Bestimmung zum Ausdruck kommt.

Es bestehen große äußere Unterschiede zwischen der düsteren Blende der seitlichen Mauern, der passiven Undurchlässigkeit der Rückseiten und der offensiven Öffnung der Vorderseite. Was die Oberseite betrifft, so ragen, mit Ausnahme der Schale für den Beobachter mit der kleinen Leiter, die zum Betonnest führt, nur die Gasablaßrohre des Artillerieteils aus der mit Erde bedeckten Betonplatte heraus. Wenn es zweckentfremdet wird, verkehrt sich das Befestigungsbauwerk: Ohne Kanone ähnelt die Schießscharte mit ihrem vertikalen Zackenwerk einer reliefgeschmückten Tür; die Umfassung der „Todt-Front“ im Giebelfeld oberhalb der rechteckigen Öffnung ist eine Entsprechung zum Portalvorbau eines kultischen Gebäudes; durch diesen improvisierten Zugang dringt man in einen niedrigen, runden oder sechseckigen, kleinen Raum ein, der mit Stahlträgern beschlagen ist und in seiner Mitte einen Sockel aufweist, der einem Opfertisch sehr ähnlich ist. In den Zementboden sind Klappen eingelassen, durch die man in eine Krypta hinabsteigen kann, den Munitionsbunker, genau unterhalb des Kanonensockels.

Wenn man tiefer in das Innere der Befestigungsanlage vordringt, stößt man wieder auf das Schikanensystem für die Nahverteidigung mit seinen Schießscharten – die eine auf der Eingangsachse, die andere an der Flanke –, kleine Scharten, durch die man nicht viel sieht, dutch die man von einem kleinen Raum aus, in dem man die Decke leicht streift, die unmittelbare Umgebung beobachten kann. Das Gefühl, erdrückt zu werden, das man empfindet, wenn man außen um die Befestigungsanlage herumgeht, verstärkt sich hier noch. Die unterschiedlichen Raumvolumen sind für eine normale Tätigkeit, für wirkliche Körperbewegungen zu klein; das ganze Bauwerk lastet auf den Schultern des Bewohners. Ganz so, wie ein etwas zu enges Kleidungsstück einen in gleichem Maße behindert und kleidet, so spannt die Beton- und Stahlummantelung an den Schultern und unter den Armen und führt schließlich dazu, daß der Bewohner in einer Art Halblähmung erstarrt, die die Merkmale einer krankheitsbedingten Paralyse besitzt.

In seiner physischen Aktivität eingeschränkt, dabei aber voller Wachsamkeit und Furcht vor den katastrophischen Wahrscheinlichkeiten seiner Umgebung, wird der Bewohner dieser Orte der Gefahr durch eine einzigartige Schwere niedergedrückt; er befindet sich tatsächlich bereits in jener Leichenstarre, die zu verhüten die Schutzvorrichtungen des Bunkers eigentlich bestimmt waren.

Die Angriffstechniken unterschieden sich entsprechend dem Entwicklungsstand der Zerstörungsmaschinen voneinander.

J. Errard

Der militärische Raum

Das militärische Feld ist immer ein Aktionsfeld, ein Feld des Duells, der Schlacht. Der Beschäftigung der Geologen mit den tektonischen und geomorphologischen Bewegungen fügt der Militär diejenige mit den Möglichkeiten der Nutzung des Geländes durch die Truppen und ihre unterschiedlichen Transport- und Zerstörungsmittel hinzu. Die Geographie des Militärs ist eine dynamische Geographie, und es ist nützlich anzumerken, daß die Fortschritte in der Topographie sich seit dem 16. Jahrhundert den zahlreichen europäischen Kriegen verdanken – ganz so, als hätte der Krieger das Privileg, im Besitz des Weltbildes zu sein –; so als würde der Fortschritt in der Waffentechnik und Kriegführung auch den Fortschritt in der Darstellung und Vermessung des Territoriums herbeiführen; so als wären die Funktionen der Waffe und des Auges unterschiedslos zu identifizieren. Angefangen bei den Karten von Appian aus dem Jahre 1579 bis zur elektronischen Kartographie der Beobachtungssatelliten der NASA, über die Karten eines Cassini aus dem Jahre 1755 – oder die berühmten Generalstabskarten aus dem Jahre 1832, die 1931 überarbeitet wurden –, es ist immer dieselbe Anstrengung um eine immer vollständigere Enthüllung der Welt, die sich in der geographischen Politik des Militärs fortsetzt.

Die Notwendigkeit, ein unaufhörlich wachsendes territoriales Ensemble zu *kontrollieren*, es in allen Richtungen (und fortan in allen drei Dimensionen) zu durchlaufen und dabei möglichst viele Hindernisse zu umgehen, diente seit eh und je der Rechtfertigung der Erhöhung der Eindringgeschwindigkeit sowohl der Transport- und Kommunikationsmittel (der Telegraf von Chappe in Austerlitz) als auch der Projektile aus dem Waffenarsenal: zunächst durch den geometrischen Ausbau des kürzesten Weges im Zeitalter der Kavaliere, und dann, mit der Erfindung der synthetischen Energien, durch die wachsende Beschleunigung der Geschwindigkeiten der Gesamtheit der Vehikel.

Wir sind noch weit davon entfernt, diesen Übergang von einem Zeitalter, in dem es vor allem um den Aufbau der Infrastrukturen ging, zu demjenigen, in dem wir leben und in dem der Akzent ausschließlich auf die Entwicklung der Leistungsfähigkeit des Vehikels und des Projektils gelegt wird, in seiner eigentlichen Bedeutung zu begreifen; ihm kommt aber für die Untersuchung des zeitgenössischen sozialen Raums in der Tat ein beachtliches Interesse zu. Neben dem „langen“ Krieg des Bauernstandes gibt es fortan den „geschrumpften“ Krieg des Technikers, des Wissenschaftlers.

Wenn die *Verminderung* der Hindernisse und die Schrumpfung der Entfernungen in der Geschichte immer im Zentrum des Problems des militärischen Raumes stand, dann sind wir heute an einer Bruchlinie angelangt: Die Unterscheidung zwischen Vehikel und Projektil hat aufgehört zu existieren. Als Beweis hierfür möchte ich das bemannte Aufklärungsflugzeug Lockheed SR 71 anführen, dessen Fluggeschwindigkeit die dreifache Schallgeschwindigkeit beträgt, was der Geschwindigkeit einer Kugel entspricht. . . Es handelt sich dabei um ein extremes Beispiel, aber angefangen beim Abflug des ersten Bombers im Ersten Weltkrieg, über die Luftlandetruppe, bis bin zum Start der ersten Stratosphärenrakete bilden das Projektil und das Vehikel ein *Mixed*, das die Kybernetik zur Vollendung bringen wird, indem sie den Menschen (durch die Vollautomatisierung) aus den Waffensystemen evakuiert.

Die Ökonomie des Krieges, deren Ziel es bisher war, die menschliche Landschaft durch *Kongruenz* der Befestigungsanlagen in ein „defensives Reduit" zu verwandeln, strebt nun danach, die Disparitäten der Bewaffnung zu verringern, indem sie die militärischen Objekte in ebenso viele Projektile umwandelt.

Im modernen Waffenarsenal ist in der Tat alles in Bewegung, und das mit immer größerer Geschwindigkeit; die Unterschiede von einer Waffengattung zur anderen verschwimmen; ein Prozeß der Homogenisierung findet innerhalb der zeitgenössischen militärischen Institution statt, bis bin zu den Bezeichnungen für die drei Waffengattungen: Boden, Wasser, Luft, die zugunsten eines *aeromaritimen Mixed* verschwinden, das die Eigenständigkeit der Bodenstreitkräfte im gleichen Maße verkleinert. Diese Homogenisierung der Schlachttechniken und der Kriegsinstrumente aber wird durch eine letzte Bewegung verdoppelt. Es handelt sich – mit der *Zusammenziehung* „Waffe-Vehikel" und der Kybernetisierung des Systems – um die volumetrische Verkleinerung der militärischen Objekte: die *Miniaturisierung*.

Man sieht: Der militärische Raum erfährt gegenwärtig eine grundlegende Veränderung. Die „Eroberung des Raumes" durch die Militärs und die Wissenschaftler ist nicht mehr, wie in der Vergangenheit, Eroberung menschlichen

Siedlungsraums, sondern die Erfindung eines neuartigen Kontinuums, das nur noch eine entfernte Beziehung zur geographischen Wirklichkeit hat. Der Krieger bewegt sich fortan gleichzeitig im unendlich Kleinen der Atomphysik und im unendlich Großen der intersideralen Räume. Die Verkleinerung der kriegerischen Objekte und die exponentielle Vergrößerung ihrer Leistungsfähigkeit tragen der militärischen Institution jenes *Alwissen* und jene *Allgegenwart* zu, die sie sich von Anfang an erwünschte.

Die Geschwindigkeit *verifiziert* alles, was anfangs in der territorialen Anlage enthalten war, angefangen bei der antiken Kolonisierung bis hin zum Zeitalter der Autobahnen. Die Gerade ist eine Vorwegnahme der Hochgeschwindigkeit: die Geradlinigkeit der Trasse zwischen zwei Polen, zwischen zwei Städten nahm die Spur der schnellen Vehikel vorweg, den Reifenabdruck der Autoreifen wie den Kondensstreifen des Düsenjets am Himmel.

Der Aufbau der strategischen und taktischen Infrastrukturen im Laufe der Jahrhunderte ist tatsächlich nichts anderes als die „Archäologie des gewalttätigen Aufeinandertreffens.“ angefangen beim Auftreffpunkt bis zum Aufeinanderprallen und zum Zusammenstoß mit dem Auto bewahrte die Infrastruktur das *Duell* auf (die üblen Verkehrsformen vor dem Austausch von Handelswaren). Durch seine *Abkürzung* ist der strategische Weg Ausdruck des ersten Moments einer Kontraktion der Welt, die erst mit der Macht der wissenschaftlichen Instrumente des modernen Krieges abgeschlossen sein wird.

Konzentration und Kongruenz der Befestigungssysteme kündigten seit der Erfindung des Schießpulvers in Gestalt sehr leistungsfähiger beweglicher Körper (Düsenjets, Raketen, Satelliten) diese Verkleinerung des planetaren Siedlungsraums selbst an. Ganz so, wie Vauban erklärte:

„Es gibt keine gerechteren Richter als die Kanonen, sie gehen direkt auf Ziel zu und sind nicht korrumpierbar" (Die Bewaffnung als Werturteil, als Ultima ratio).

Die Erforschung der Verifizierung, die uns die wachsende Beschleunigung der Bewegungen, der Geschwindigkeiten etwa in der Weise zuträgt, wie eine sich nur langsam drehende Schallplatte den Gesang sehr unvollkommen wiedergibt, müßte jetzt weiter vorangetrieben werden. Man müßte auf die Hochgeschwindigkeiten der zeitgenössischen Vehikel warten, um das Feld der strategischen Geometrisierung der Welt, ihren tragischen Charakter vollständig wiedergeben zu können. Im Verlauf der Geschichte deutete der Bau von Straßen und Stadtmauern die Radiation der Energie durch die Geradlinigkeit der Linien an; aber die Schwäche der motorischen Kräfte, verbunden mit der demographischen Schwäche, ließ diese langsame Transformation der Welt in ein *Gewebe aus Flugbahnen* noch nicht beunruhigend werden.

Geschwindigkeit ist immer ein Vorteil und ein Privileg des Jägers, des Kriegers gewesen. Bewegung, Verfolgung, sie bilden das Zentrum jeder Schlacht. In der Geschichte der Gesellschaften ist also eine Hierarchie der Geschwindigkeiten am Werker, denn den Boden zu besitzen, das Gebiet zu halten, bedeutet auch die Verfügung über das beste Mittel, es zu durchlaufen, um es zu kontrollieren und zu verteidigen. Der Besitz einer *Immobilie* ist direkt oder indirekt mit der Fähigkeit verbunden, sie zu durchdringen und, genauso wie eine Sache ihren Wert verändert, wenn man sie aus einer Gegend in eine andere verlagert, verändert ein Territorium seine Qualität durch die Möglichkeit, es mehr oder weniger leicht zu durchqueren. Die von einem Objekt oder einem Subjekt zurückgelegte Strecke befördert einen oftmals nicht wahrgenommenen Wert; und das Erscheinen eines neuen Infrastruktur-Vehikel-Systems revolutioniert immer die Gesellschaft, indem es gleichzeitig die Bedeutung der Materie, der gesellschaftlichen Beziehungen und folglich auch des gesamten sozialen Raums grundlegend verändert. Die hohe Geschwindigkeit der verschiedenen Transport- und Zerstörungsmittel ist in den Händen des Militärs das privilegierte Mittel einer fortwährenden und heimlichen sozialen Transformation, ein Projektil zur Zerstörung des sozialen Kontinuums, eine Waffe, ein *Implosiv*.

Die wissenschaftliche Eroberung der Energien und der Geschwindigkeit ist also nichts anderes als die Errungenschaft der Verkleinerung und der Kontraktion der Welt. Im Vergleich zu den spektakulären Verwüstungen der *Explosive* des militärischen Waffenarsenals bleiben diejenigen der *Implosive* seltsamerweise verborgen.

Heute faßt die technologische Verschmelzung von Vehikel und Projektil die beiden Reduktionsbewegungen gleichzeitig zusammen: Mit dem mit der Atombombe bestückten Überschalljet beispielsweise wird der gesamte Erdball zu einem „defensiven Reduit“ (in diesem Zusammenhang reicht es, auf die Spezialabkommen zwischen kleinflächigen Staaten aufmerksam zu machen, die es ihren Flugzeugen ermöglichen, trotz der Nabe der jeweiligen Grenzen, sich uneingeschränkt zu bewegen); was die Bombe anbetrifft, sie spaltet die Elemente genau dort, wo das Vehikel die Gesamtheit auflöst.

Vehikel und Projektile sind letztlich nichts anderes als *Partikel*, die unaufhörlich den *Bereich der Energie* weiterentwickeln. Die Eroberung der Erde erscheint also zunächst als die Eroberung der Energiegewalt. Die Maschine setzt in der Tat die Gewalt der Materie in Gang, um ihr eine bestimmte Richtung zu geben; ein Motor häuft die

Gewalt der Energie an und komprimiert sie, um ihr ein größeres Wirkungsfeld und größere Dauerhaftigkeit zu verleihen (die Energie ermöglicht dem Vehikel die Bewegung). Es handelt sich aber um ein *Kontinuum*, das nicht mit dem des menschlichen Siedlungsraums identisch ist: Es ist ausschließlich der Ort der Gewalt, seiner Ausstrahlung und die Eroberung der letzten Energien ist tatsächlich nichts anderes als die Aneignung *einer umfangreichen Gewalt* (also die eines Verlustes, einer beschränkten Welt).

Durch die Notwendigkeiten der militärischen Vernunft haben sich die Menschen zu Sklaven der Energie, das heißt der Gewalt gemacht. Die Anbetung der Sonne unterschied sich nicht grundsätzlich von der Anbetung der Macht der Energie durch die modernen Techniker.

Die verschiedenen Partikel der Energie, die in gleichem Maße Vehikel und Projektile sind, vollenden also einen globalen Zerfall, d. h. einen ökologischen und sozialen Zerfall; aus diesem Grunde hat die Aneignung der neuen Energien während der industriellen Revolution lediglich eine Revolution vollendet, nämlich die der Gewalt, eine wesentlich militärisch-industrielle Revolution. Militärwissenschaft und militärische Vernunft haben einen Pakt geschlossen, und wenn zur Zeit Francis Bacons „Wissen Herrschen bedeutet", dann bedeutet nach Einstein und dem Fortschritt der Atomphysik „Herrschen Zerstören", denn die letzte Energie erscheint zunächst nur mit den Waffen, und zwar dort, wo einst das zivile Instrumentarium der erste Nutznießer zu sein schien. Die *Energiekrise* ist also kein konjunkturelles Ereignis, das mit wirtschaftlichen Problemen der Rohstoffversorgung in Verbindung steht, sondern sie ist der Ausdruck eines vollendeten Bruchs zwischen dem menschlichen Territorium und dem Kontinuum der Gewalt.

Während in den vorindustriellen Epochen die niedrigen Geschwindigkeiten der verschiedenen Vehikel die soziale Landschaft nach infrastrukturellen Zwängen strukturiert und geometrisiert haben, so hat sich diese Strukturierung seit der Aneignung von Höchstgeschwindigkeiten grundlegend weiterentwickelt: das Wesentliche ist nicht mehr sichtbar, es sei denn punktuell; das Verkehrsmittel und das Mixed Vehikel-Projektil bündeln das Wesentliche des neuen „sozialen" Raums. Da der Bereich der Energie der Ort der Macht geworden ist, spielt sich fortan genau hier alles ab, und nicht hier unten auf der Erde. *Die Energiekrise steigert also die Energie der Krise*, das heißt den Schnitt zwischen der Realitat – der Materialität des menschlichen Siedlungsraums – und der Irrealität – der Immaterialität einer Macht, die sich nur noch auf die Gewalt der Energie und immer weiter fortschreitende Ausdehnung ihres Wirkungsfeldes stützt. Die militärische Institution verteidigt nun weniger das „nationale" Territorium als vielmehr dasjenige der Energie, *den Bereich der Gewalt*.

Die militärische Institution ist ein zyklothymes Tier, das im Frieden schläft und im Krieg erwacht. Die Konsequenzen dieser beiden Zeiten des Militärapparates sind nicht genügend in Betracht gezogen, die Eigenschaften dieser „Kriegszeit" sind nicht ausreichend hervorgehoben worden; das ist einer der Gründe für eine grundlegende Fehleinschätzung des militärischen Phänomens.

Was können wir indessen seit der industriellen Revolution feststellen? *Die Verringerung der Dauer der „Kriegszeit"*. Die gesamte Energie der westlichen Armeen zielt auf den vollständigen und schnellen Erfolg über den Gegner ab. Mit dem Krieg der Nationalstaaten wohnte man in Europa einer immer merklicheren *Verkürzung* der kriegerischen Auseinandersetzungen bei: von einigen Jahren (1870,

1914, 1940) bis zu einigen Tagen (im Nahen Osten 1967 und 1973), und schließlich, mit den latenten Möglichkeiten eines *begrenzten* Atomkonflikts, bis zu einigen Stunden (wie General Beaufre erklärte: „Nach drei Stunden Atomkrieg stößt man ins Unbekannte vor).

Auf der einen Seite wohnt man immer *extensiveren* Kriegen bei: angefangen bei den Kämpfen auf den nationalen Territorien des europäischen Kontinents bis hin zu den großen Weltkonflikten, und andererseits immer *intensiveren* Angriffen hinsichtlich der Entwicklung der Zerstörungsenergie (vom ersten „Stahlgewitter" während des Krimkrieges 1854 bis zur Atomexplosion von 1945).

Ein Jahr nach Ausbruch der Feindseligkeiten wäre die „technische Überraschung" des Ersten Weltkrieges wegen des Mangels an Geld und Munition beinahe zum Erliegen gekommen. Heute behalten die begrenzten Konflikte im Nahen Osten lediglich für die Dauer von zwei bis drei Wochen ihre Selbstständigkeit – man sprich sogar von militärischen „Gesten" –, zwei Wochen nach Ausbruch der Konflikte müssen die Gegner gezwungenermaßen auf die Ressourcen ihrer jeweiligen Verbündeten zurückgreifen (Beispiel die russische und die amerikanische Luftbrücke zu den kriegführenden Parteien auf dem Schlachtfeld des Jom-Kippur-Krieges).

In Wahrheit ist die Bewegung noch deutlicher. Im Westen *zielt die Kriegszeit darauf ab zu verschwinden*; hier gibt es etwas, was die Bedeutung des nuklearen Status quo erhellt. Aber die westliche militärische Institution ist noch nicht allein; neben dem modernen Kriegsapparat besteht ein anderes Denken weiterhin fort, ein archaisches Denken, nämlich das der ursprünglichen Schlacht. Wenn wir die neuere Entwicklung von Armeen analysieren, dann vergessen wir im allgemeinen diese Dualität von altem militärischen Denken, das hier und da überlebt hat, und systematischer Vernunft, die die militärischen Institutionen von heute beherrscht.

Die ersten „modernen" Kriege sind die des napoleonischen Kaiserreiches. Zum erstenmal in der modernen Geschichte werden riesige Massen und Ressourcen in Bewegung gesetzt; die ganze Nation wirft sich in den Krieg, und das über die gesamte Ausdehnung des Alten Kontinents. Und dennoch erleidet diese große siegreiche Armee, die die Politik der europäischen Staaten in nicht wieder rückgängig zu machender Weise grundlegend veränderte, in Spanien eine schwere Niederlage. Außerdem besitzt diese Niederlage Signalcharakter: Die totalitäre Masse und die totalitäre Macht sind gegenüber der alten Methode der Bauernschlacht machtlos. Im Verlaufe der gesamten Geschichte, die dann folgen sollte, und trotz des exponentiellen Anwachsens der Zerstörungspotentiale der modernen Armeen wird man in regelmäßigen Abständen die Wiederholung dieser ersten Niederlage Napoleons erleben, für die der lange Vietnamkrieg das jüngste Beispiel darstellt.

Der lange Krieg verliert niemals seine Rechte; die ganze chinesische Strategie ist um diese Verlängerung der Kriegszeit herum entwickelt, die der extremen Verkürzung der Kriegszeit des westlichen Apparates entgegengesetzt ist. Diese Dualität, dieses konzeptionelle Duell organisiert das neue strategische Denken der technologisch weiterentwikkelten Armeen; die Analyse der Subversion, der unverhohlene Respekt der militärischen Intelligentsia des Westens vor den Theoretikern dieser Kampfart (von Sun Tse über Giap zu Mao) sind als ein Hinweis dafür anzusehen, daß man die jüngste Entwicklung der militärischen Institution ohne Bezugnahmen auf andere Formen der Philosophie der bewaffneten Aktion nicht wirklich verstehen kann.

Die technologische und wissenschaftliche Entwicklung der Zerstörungspotentiale und der Transportmittel, die Ökonomie ihrer Produktion erklären uns keinesfalls ausreichend die Gründe für das Aufkommen der „Zivilisation" der Armee, das Erscheinen einer „Zeit des totalen Friedens" nach dem totalen Krieg.

Es handelt sich hier um eine Replik der urbanen militärischen Institution auf das militärische Denken des Bauernstandes: „Die Zivilisation der Armee im totalen Frieden ist eine Antwort auf den langen Volkskrieg", in seiner Pseudoewigkeit zielt er darauf ab, die lange Dauer des Partisanenkampfes einzuschließen. Wir finden uns mit einer doppelten Bewegung von miteinander konkurrierenden militärischen Denkweisen konfrontiert: im militärisch-industriellen Apparat des Westens trachtet die Kriegszeit danach zu verschwinden. Die Notwendigkeiten, immer höher entwickelte technische Mittel einzusetzen, erfordern eine lange Entwicklungs- und Produktionsdauer. Es ist so, wie ein ehemaliger Generalstabschef der Luftstreitkräfte kürzlich erklärte: „Diese neuen Waffentypen bringen für uns eine einengende Logik mit sich: den nicht endenden technologischen Kampf der Friedenszeit."

Was den militärisch-ländlichen Apparat des Ostens betrifft: dieser ist bestrebt, die Dauer der Kriegszeit auszudehnen, indem er die Massen über das Ziel des aktiven oder passiven, direkten oder indirekten Überlebens, über Naturkatastrophen, Unfälle und begrenzte kriegerische Auseinandersetzungen, die mit dem immer gleichen Kampf gleichgesetzt werden, mobilisiert, wobei der Klassenkampf sich schließlich auf alle Bereiche des alltäglichen Lebens ausdehnt.

Dieser Wirkungsbereich der beiden strategischen Denkweisen der heutigen Welt beschränkt sich nicht auf die

Geographie, das heißt auf einen mehr oder weniger offenen Gegensatz zwischen West und Ost; er findet sich vor allem im grundlegenderen Gegensatz zwischen Ländlichem und Urbanem wieder, zwischen denjenigen, die territorialisiert sind, und denjenigen, die unaufhörlich danach streben, *sich* in der Eroberung der Gesamtheit der Elemente, in der reinen Räumlichkeit *aufzulösen*; dem Meer, dem Himmel, dem leeren Raum.

Kehren aber wir nach dieser Annäherung an die Kriegszeit zum *militärischen Raum* des Friedens wie des Krieges zurück.

Die zyklothymische Gewalt des Westens organisiert ihren Raum während des Friedens und in Vorausschau eines kommenden Krieges auf andere Weise. Beispiel: Kasernen sind dazu bestimmt, zu Beginn der Kriegszeit geräumt zu werden, die Lokalität dieser Kasernen ist also gebunden an das Faktum des In-Bewegung-Setzens, an die allgemeine Mobilmachung.

Zu Beginn eines „klassischen“ Konflikts räumt man die Kasernen in der Umgebung der großen Städte, um die Befestigungsanlagen an den Grenzen des Landes aufzufüllen. In diesem Fall sind aber die unterschiedlichen Befestigungssysteme des Hoheitsgebietes noch nichts anderes als Zwischenstationen in der Bewegung des Krieges; sie dienen weniger dazu, den Feind am Eindringen in das Land zu hindern, als vielmehr dazu, dieses unvermeidliche Eindringen (über den Boden, das Meer oder die Luft) zu verlangsamen. Damit die Lethargie des militärischen Tieres gefahrlos zu Ende geht, gewahren die Befestigungsmauern der bewaffneten Macht die Zeit, die sie benötigt, um wach zu werden. Deshalb spricht man bei den Forts und Bunkern so fot von den „Glocken“, die die Schlafende warnen: sie müssen unbeschadet von einem Kontinuum ins andere wechseln. Das ist schwierig.

Wir haben es im Jahre 1940 gesehen, der *Blitzkrieg* hat die Schöne schlafend im Wald überrascht; seither strebt die gesamte Entwicklung der modernen Waffensysteme danach, diese *Überraschung* zu vermeiden: Bei der ICBM-Rakete, die mit einem thermonuklearen Sprengkopf bestückt ist, ist die Zeit des Wachwerdens auf wenige Minuten begrenzt. Man erreicht demzufolge die Bruchstelle zwischen den beiden Zeiten des Militärapparates. Auf der einen Seite zielt die beständige Höherentwicklung der Waffensysteme darauf ab, der Schönen das Schlafen unmöglich zu machen – sie hat böse Träume und schläft nur noch mit einem Auge –, andererseits weist der theoretische Feind die Dichotomie „Kriegszeit/Friedenszeit" zurück, so wie er durch Subversion und Terrorismus die Dichotomie „Zivil/militärisch" widerlegt.

Für die archaische Philosophie wird alltägliches Leben vom Zwang zum Überleben angesichts natürlicher und künstlicher Gefahren organisiert; die soziale Unsicherheit begründet eine Ordnung, die sich von derjenigen der entwickelten und städtischen Gesellschaft unterscheidet. Was in lange zurückliegenden Zeiten eine *unmittelbare und gemeinsame* Realität der Gegebenheit des niedrigen Entwicklungsstandes der Techniken war, die man den natürlichen und katastrophischen Gewalten entgegensetzen konnte, ist die mittelbare Realität der nur schwach in industrialisierten Gesellschaft geworden, die noch empfänglicher sind für die gewöhnlichen Übel – wie Hungerkatastrophen und Epidemien – sowie für die durch die herrschenden Mächte verursachten.

Es scheint so, als hatten wir uns also auf das Ende der Unterscheidung zwischen den beiden Zeiten des westlichen Militärapparates zubewegt, aber deswegen gibt es noch längst keine Gleichsetzung mit der bäuerlichen Vision. Ein

Unterschied und ein bemerkenswerter Gegensatz bestehen weiterhin fort: Für die militärisch-industriellen Mächte wird der *Friedenszustand* dominieren, für die militärisch-ländlichen wird es der *Kriegszustand* sein. Der Riß, der in der Vergangenheit während der Perioden des Friedens und des Krieges innerhalb ein und derselben Nation bestand, wird in Zukunft die gesamte Welt zerteilen.

Aber übrigens: Wer hat eigentlich den Frieden erfunden. . . ?

Vielleicht würde das Land für lange Jahre eine Luxusbevölkerung an seine Grenzen umsiedeln, absondern, eine gewaltsame und faule Militärkaste, die sich bei der Versorgung mit dem täglichen Brot auf die Zivilisten verläßt, und es schließlich von ihnen einfordert, so wie bewaffnete Wüstennomaden Tribut auf kultivierte Flächen erheben: Eine Art von Herumtreibern an den Grenzen, von Spaziergängern der Apokalypse, die frei von materiellen Sorgen am Rand ihres gezähmten Abgrundes leben, nur noch vertraut mit Zeichen und Vorhersagen, nur noch Handel mit einigen großen und katastrophischen Unsicherheiten unterhaltend, wie in diesen alten Beobachtungstürmen, die man am Meer sieht.

Julien Gracq

Die Festung

Der Krieg ist zugleich Resümee und Museum. . ., sein eigenes. Der Krieg ist zugleich prospektiv und retrospektiv; die Befestigungsanlagen haben nicht nur die Bewahrung einer Macht zum Ziel, sondern auch den Erhalt der Gesamtheit der Kampftechniken.

Hier stellt sich die Frage der *Hybriden*, die Bedeutung der Überschreitung in einer Kriegskunst, in der das militärische Instrumentarium niemals nur streng funktionell ist und in der man aus der Sicht einer Nutzungsfolge urteilen muß. Die Zwänge der Geheimhaltung, der Verheimlichung, der Täuschung über den Gegenstand, den Weg, das Subjekt, die unterschiedlichsten Gelegenheiten, die Unermeßlichkeit des Kontinents in den Verteidigungsfall zu versetzen, ermöglichen es uns, ein Gesamtverzeichnis der Wiederverwendungen von Waffen oder Waffensystemen zu erstellen, die sich einstmals im Verlauf weit zurückliegender kriegerischer Auseinandersetzungen bewahrt haben. Die Überflutungen aus der Zeit der „Bettlerkriege" im 16. Jahrhundert, die die Niederländer 1940 während der Invasion ihres Landes die deutschen Luftlandetruppen praktizierten und für die Marschall Rommel 1944 seinerseits die Verantwortung übernahm, als er die Tiefebenen der Normandie unter Wasser setzte; die am Strand in langen Reihen in den Sand eingelassenen Pfähle, die nichts anderes waren als der Wiederauftauchen der Kavalleriehindernisse; die Panzerbarrieren, Tetraeder aus Beton oder Stacheldrahtwalzen, die in den Gebieten des Ostens zu Beginn des Krieges errichtet und dann gegen die alliierten Landungsboote wiederverwendet wurden und die ersten „Amphibienfahrzeuge"... immer das Hybride; die alten Festungen von Le Havre oder von Le Roule in Cherbourg, die der Cité d'Aleth in Saint-Malo, die Festung Pointe des Espagnols in der engen Hafenzufahrt von Brest, die alten Befestigungsanlagen der anglo-normannischen Inseln, an die man moderne Ausrüstungen angepaßt hat...

Was die Waffentechnik im engeren Sinne betrifft, so handelt es sich um einen Fuhrpark, in dem die verschiedensten Gattungen versammelt sind: die Kanonen der entwaffneten Kürassiere, die der Maginot-Linie, die Wiederverwertung gepanzerter Hauben und Panzerdrehtüre auf den Betonsockeln der Bunker, ein ganzer Trödelladen, der von der auf Schienensträngen beförderten Artillerie des Ersten Weltkrieges bis zum außergewöhnlichsten Gerät reicht: die Druckkanone von Mimoyecques, die dazu in der Lage ist, ihre Pfeil-Geschosse 120 Kilometer weit zu schießen..., die ersten Erd- und Luftroboter, die Raketen, aber auch eine Menge an Zubehörteilen, die für den Kampf unerläßlich sind: Scheinwerfer, die 1904 zum erstenmal von den Russen auf den Höhen von Port Arthur benutzt wurden und vierzig Jahre später in der Scheinwerferbatterie auf den Felsen des Atlantiks wieder eingesetzt wurden, die allerersten Radaranlagen und akustischen Detektoren, die während des Ersten Weltkrieges ausgearbeitet wurden, die Ortung mit Infrarot, die Anfange des elektronischen Krieges...

Diese unterschiedslose Vermischung von Gerätschaften findet sich in der Konstruktion, in der Ausführung des

Bauvorhabens des zweiten Westwalls wieder. Man führt die unterschiedlichsten Bevölkerungen zusammen und spannt sie ein, so, wie es zur Errichtung des römischen Limes im 2. Jahrhundert praktiziert worden war; im 20. Jahrhundert sieht man, wie die besetzten Völker für gigantische Erdarbeiten angeworben wurden. Die Organisation Todt vereinigte in sich die unterschiedlichsten sozialen und ethnischen Gruppen: von deutschen Technikern, Zivilisten und Soldaten über die Zwangsverpflichteten und die Freiwilligen bis zu den Deportierten. Im Durchschnitt kam auf zehn ausländische Arbeiter ein deutscher. Für den Verteidigungsfall benutzte man ebenfalls Truppen, die aus allen Himmelsrichtungen Europas kamen, bis bin zu den Indern, die sich in die Bunker der Girondemündung vereint hatten. Hierfür gab es, vom Ausmaß der Bauarbeiten abgesehen, vielfältige Gründe. Wenn die Offensive manchmal die Aktion einer kleinen aggressiven Minderheit sein kann, dann ist die Verteidigung nur dann wirklich eine, wenn sie die Massen in Bewegung setzt. Die Befestigungsmauern, so beeindruckend sie auch sein mögen, haben nur dann einen Wert, wenn sie vollständig und permanent bevölkert und besetzt sind; mit um so größerem Recht läßt sich von einer für die Verteidigung eines Kontinents verwendeten Hyper-Struktur sprechen. Hierin besteht eine der Schwächen des Dritten Reichs, denn, wie Mao Tse-tung 1942 schrieb: „Wenn Hitler gezwungen ist, zur strategischen Verteidigung überzugehen, dann ist das Schicksal des Faschismus besiegelt; ein Staat wie das Dritte Reich hat in der Tat seit seiner Gründung sein gesamtes politisches und militärisches Leben auf der Offensive begründet. Wenn diese zum Erliegen kommt, geht seine Existenz zu Ende.“

Strategische Verteidigung ist tatsächlich nur mit der aktiven und bedingungslosen Beteiligung der Volksmassen möglich, wie der chinesische Führer ebenfalls darlegt: „Nur das Volk kann solche Befestigungsanlagen verwirklichen, nur es allein kann sie besetzen."

Die Mobilisierung von Fritz Todt verdankt sich also nicht ausschließlich den Notwendigkeiten des Bauwerks, der Errichtung einer Verteidigungslinie mit einer Länge von mehreren tausend Kilometern; sie ist in demselben Maße an psychologische und politische Notwendigkeiten gebunden, an die Beteiligung der besetzten Bevölkerung an dem Bemühen um Verteidigung und Schutz angesichts der Gefahr einer Landung der Alliierten.

In dieser Zeit, 1943–44, wird jedermann empfohlen, einen Graben in seinem Garten, in seinem Hof auszuheben, um seine Familie in Schutz zu bringen. Man fertigt Fotomontagen von noch nicht vorhandenen Ruinen an, so als sei Paris bereits zerstört; es wird ein Vorgeschmack auf die Verwüstungen durch den totalen Krieg geliefert, damit die besetzte Bevölkerung den Zusammenbruch der großen Mauer mehr fürchtet als erhofft. Der Historiker R. G. Nobécourt bemerkt: „So hatte die Befestigung einen beachtlichen psychologischen Wert, ihr Ziel bestand darin, den Besatzer und den Besetzten in der Furcht vor dem Einfall zu vereinen, sie erzeugte damit eine Einheit, eine Identität dafür, wofür es keine gab." Diese soziopolitische Rolle der Einfriedung für die Ausbildung eines Gemeinschafts- oder Nationalgefühls wird zu sehr vernachlässigt.

Mit der Festung Europa war die Niederlage unvermeidlich, und die geographische Konfiguration sollte die Analyse Maos bestätigen. Der Blitzkrieg, in dem es Hitler gelungen war, sich schnell die ganze europäische

Westküste anzueignen, zwang ihn damit zur Anwendung einer defensiven Strategie. Das Festland des Finistère[1] war die Niederlage der Nazioffensive, und das, ohne daß die Alliierten einen einzigen Kanonenschuß hätten abgeben oder ein einziger Soldat hätte landen lassen müssen, sondern – implizit – allein nach der inneren Logik des Nazistaates.

Schon lange vor Ausbruch der Feindseligkeiten kündigte Hitler außerdem in einem Manuskript, im später so genannten *Zweiten Buch*, an: Deutschland wird sich um eine mächtige Konzentration seiner inneren Kräfte bemühen müssen. Es wird folglich begreifen müssen, daß seine wesentliche Aufgabe in der Schaffung eines mächtigen Heeres besteht, denn „unsere Zukunft liegt nicht auf dem Wasser, sondern in Europa".

Der Erfolg des *Blitzkrieges* brachte Deutschland unausweichlich dahin, eine Zukunft auf dem Meer ins Visier zu nehmen oder sich im Westen auf eine strategische Defensive einzulassen, die gleichzeitig den Motor seiner Militärpolitik bremste und so das Ende des europäischen Systems der Konzentrationslager einleitete. Man sieht, wie verräterisch und plausibel die ständige Weigerung des Diktators war, den Atlantikwall zu besuchen: die Bunker der europäischen Küste sind von Anfang an Grabsteine des deutschen Traums. Die Eroberung der französischen Strände ist seit 1940, nach dem gescheiterten Landungsversuch in Großbritannien, das Zeichen für die Niederlage des Naziregimes und die plötzliche Hinwendung nach Osten; das Unternehmen „Barbarossa" ist nichts anderes als eine überhastete Flucht vor dem unheilvollen Charakter der Leere des Ozeans, gewissermaßen die Reaktion, das Hindernis, das Unbekannte, ganz wie ein ängstliches Pferd zu verweigern.

Das einzige Kriegsziel, das es wert gewesen wäre, daß Blut dafür vergossen wird, hätte nur die Zusicherung an die deutschen Soldaten sein können, Hunderttausende von Quadratkilometern zu erobern, die den Deutschen für eine allgemeine Kolonisierung zur Verfuügung gestellt würden, so erklärt Hitler. Aber im Westen gab es eigentlich nur den Ozean und seine Wasserfluten; das Meer aber kolonisiert man nicht. . .

Außerdem war die Vorstellung, die sich der Führer von Grenzen machte, rein historisch, ohne geographischen Bezug zu Begrenzungen, zu Umrissen von Kontinenten. Für ihn waren Grenzen zwischen Völkern immer vorläufig und unvollständig; die Aufteilung der Erde ist das vorübergehende Ergebnis einer Schlacht, eines Werdens, die Grenzen besitzen niemals endgültigen Charakter, sondern sie können und müssen sich ohne Rücksicht auf die elementaren Gegebenheiten der Welt entwickeln.

Die Nazidoktrin besteht seltsamerweise lediglich aus einem Element: der Lithosphäre, dem Boden, dem Blut. Trotz des Luft- und U-Boot-Krieges, trotz der Offensive der ersten Raketen bleiben die Atmosphäre und die Hydrosphäre der Hitlerideologie fremd. Das Gefühl der Beschränkung auf den Erdboden übertragt sich direkt in die des *Lebensraums*. Hitler im *Zweiten Buch*: Die Lebensformen auf der Erde sind unzählig, und ihr Erhaltungstrieb ist unbegrenzt, genauso wie ihr Bestreben zur Fortpflanzung, aber der Raum, auf dem diese vitalen Prozesse stattfinden, ist seinerseits begrenzt. Es ist die Oberfläche einer bemessenen Kugel, auf der der Überlebenskampf von Milliarden und Abermilliarden besonderer Gattungen stattfindet, aus dieser Begrenzung des Raums ergibt sich die Notwendigkeit des Kampfes um das Leben. Mit seiner Angst, seinem Grauen vor dem Ende, vor der

Grenze beherrscht die Naziklaustrophobie alle Formen des Zweiten Weltkrieges. Die Stratosphärenrakete ist nur ein Paradox unter anderen: Hitler hat niemals an die Eroberung des Luftraums geglaubt, nicht mehr als an die des maritimen Raums; hierin besteht der wesentliche Grund für die deutsche Niederlage. Die Luftwaffe konnte trotz ihrer oft leistungsstärkeren Maschinen niemals genauso gut sein wie die strategischen Luftstreitkräfte der Aliierten, die Kriegsmarine erlitt trotz der Perfektionierung ihrer U-Boote von den ersten Jahren des Krieges an Niederlagen: diese Niederlagen sind das Ergebnis einer Philosophie des militärischen Raums, der Philosophie eines Kriegsherrn, der mit dem Boden verbunden ist, mit der Oberfläche, sie sind das Ergebnis einer Waffenproduktionspolitik, die die Bodenstreitkräfte auf Kosten der Luft- und Seestreitkräfte privilegierte.

Der Erbfeind der Kontinentalmacht Deutschland war die zugleich gefürchtete und respektierte englische Seemacht.

Die Operation „Seelöwe“, die Landung auf den britischen Inseln, die der deutsche Admiral Raeder plante und die Hitler zu keiner Zeit auszuführen wagte, war eine abergläubische Respektsbezeugung vor dem „Seelöwen“, der britischen Home Fleet. Die letzte Mauer an der Außengrenze des Westens, der Atlantikwall, der Leere zugewandt, dieser bewegten und gefährlichen, von Bedrohungen bevölkerten Ebene, war aus den Phantasien eines Mannes geboren, der Angst davor hatte, sich auf das Wasser vorzuwagen; Hitler wird im Angesicht des Meeres wieder auf alte Schrecken stoßen, auf das Wasser, den Ort des Wahnsinns, der Anarchie, Ungeheuer und auch der Frau. . .

Was also in der defensiven Bewegung am prägnantesten hervorsticht, das ist – mit dem fortschreitenden Verschwinden der oberirdischen Ausrüstung – die außergewöhnliche Entwicklung der Alarmierungsorgane, das elektronische Arsenal dessen, was man bereits die „unsichtbaren Waffen" nennt.

So hat sich die Defensive im Verlauf des Zweiten Weltkrieges durch den gewaltigen Aufschwung der Ortungs- und Telekommunikationssysteme von der Verschanzung weg zur Aufklärung entwickelt. Wenn die wesentlichen Bestandteile der Instrumente zur akustischen Ortung bereits während des Ersten Weltkrieges geschaffen wurden, so datieren gemeinsam mit der Perfektionierung der optischen Fernmessung die Radiophonie und das Radar aus dem Krieg von 1939–1945.

Die Möglichkeiten der Luftoffensive, die Probleme, die sich durch die Übernahme des Luftziels durch die Flugabwehr oder die des Bodenziels durch die Bombergeschwader stellen, sowie die beachtlichen Geschwindigkeiten bemannter oder unbemannter Projektile werden einmal mehr das militärische Kontinuum von Grund auf verändern. Hierin wird, mit dem Erscheinen der Atomwaffe, die wesentliche strategische Stütze des totalen Krieges bestehen.

Zu den sichtbaren Waffensystemen in Gestalt der an den europäischen Küsten gelegenen Hindernisse gesellt sich das Gewirr der elektronischen Netze, die den Westen des Kontinents bedecken. Die Linie Kammhuber organisiert die deutsche Jagdfliegerei in Alarmsektoren, deren operatives Zentrum sich in Arnheim befindet und das ganz Europa vom Skagerrak bis ans Mittelmeer abdeckt. Die Netze der Radars suchen den Ärmelkanal, die Nordsee und den Atlantik von den Friesischen Inseln bis hin zur Mündung der Gironde ab; die hyperbolische Abdeckung der Festung Europa durch das „GEE"-System des „Bomber

Command“ wird es den Geschwadern der „Fliegenden Festungen“ ermöglichen, bei Tag wie bei Nacht und wetterunabhängig ihre Ziele zu erreichen. Dieses System wird Anfang 1941 die Durchführung der Operation „Jahrtausend“ ermöglichen, die Zerstörung von Köln. Die Weiterentwicklung dieser Geräte wird 1942 durch das OBOE-System – ein System, das es erlaubt, Bomben zielgenau auf einzelne Gebäude niedergehen zu lassen – auch die Piloten in Roboter eines bereits elektronischen Krieges verwandeln. Schließlich liefert das H2S-System 1943 das erste „Radar-Bild“, das die Umrisse des Ziels anzeigt. Für diese Kriegspiloten bedeutet es das Ende der Unsichtbarkeit der Ziele, die durch die Gegebenheiten des Umfeldes geschützt werden, indem sie sie verbargen, und die sie gleichzeitig behinderten, indem sie ihre Ziele verschleierten. Dieses Gerät wird die Operation „Gomorrha“ erleichtern, jenen Feuersturm, der Hamburg zerstören wird und, vor Dresden, die Auswirkungen des nuklearen Feuers über Hiroshima vorwegnimmt. Aber dafür werden im Gegenzug auch die Flugabwehrwaffen perfektioniert. Mit der Jagdfliegerei bei Nacht wird auch die vertikale Artillerie von dieser Ubiquität profitieren. Die Festung Europa wird bei Kriegsende von einem Netz von deutschen Panoramaradaranlagen überspannt sein und jede von ihnen klärt über einen Umkreis von dreihundert Kilometern Durchmesser auf, wobei das elektronische Bild vom Himmel über Kabel an die großen Flugabwehrbatterien der bedrohten Ballungsgebiete übermittelt wird. Die Artillerie ist nicht mehr nur nicht blind, sondern sie sieht im voraus. Diese umfassende Sichtbarkeit, die alle Hindernisse durchdringt, macht den Raum des neuen Krieges durchsichtig, während die Zeit durch Systeme der Voraussicht und Vorhersage verringert wird.

Die neue Verteidigung bedeutet nicht mehr nur Antizipation der gegnerischen Aktionen, sondern deren Vorhersage. Die Geschwindigkeit der neuen Waffen führt dazu, daß bald ein Rechner den Schuß berechnet und die Justierungselemente beständig korrigiert, damit Geschoß-Projektil und Flugzeug-Projektil aufeinander treffen; dieses Gerät nennt sich „Predictor". Diese *Automatisierung* der Verfolgung wird nach dem Krieg die außerordentliche Entwicklung der Informatik und die berühmten „strategischen Rechner" herbeiführen, die die Kriegspolitik von Grund auf verändern werden.

Das Zeitalter der Roboter beginnt tatsächlich, aber nicht nur in Gestalt des kleinen ferngesteuerten Panzers „Goliath" oder der fliegenden Bombe V 1, der man den Beinamen „Dynamit-Meteorit" gegeben hatte, sondern vor allem mit der Mechanisierung der Aufklärung, mit der Automatisierung des Gegenschlags.

Es ist auch die Ära der großen „Kommandoopern", bei denen man, in fünfzig Metern Tiefe unter der Erdoberfläche, von London oder Berlin aus, die Luft- oder Seeflotten steuern und eine ganze Schar von Hostessen über Funk die Piloten übernimmt, um sie während ihrer Feindflüge über mehrere hundert Kilometer Entfernung hinweg zu leiten und zu beruhigen. Macht wird bereits mit einem kleinen Relais ausgeübt, und wenn der deutsche Diktator seinerseits den Kriegsherrn spielt, indem er seinen Generälen über Telefon Befehle erteilt, dann ist es das gesamte Übertragungssystem, das die totale und unmittelbare Kontrolle der obersten Gewalt überr die Ausführenden begünstigt: Die Macht besitzt fortan den direkten Zugriff auf den Akteur, unabhängig davon, wer er ist.

Das Alarmsystem auf deutschem Territorium spielt ebenfalls eine beachtliche Rolle in der militärischen Psychologie. Sobald die Bombergeschwader die Küsten passiert haben, weist man die Bevölkerung durch einen Voralarm darauf hin, und entsprechend der jeweiligen Kurswechsel alarmiert man die anvisierten Städte. Raum und Zeit ziehen sich zusammen, die Gefahr wird gleichzeitig von Millionen Zuhörern miterlebt. Was also schützt, das ist, so scheint es, die Nachricht, der Funk; man muß, aus Mangel an Raum, Zeit haben. . . Reaktionszeit. Die Überraschung ist eine wirkliche Angst geworden, alle Überraschungen sind schließlich beunruhigend und verhängnisvoll; um sich wirkungsvoll zu schützen, muß die Wirkung der Überraschung zerstört werden, womit dem Verfasser von *Mein Kampf* recht gegeben wird, der mit Bestimmtheit erklärte: „Die Schutzvorstellung beherrscht und füllt das Leben. . ."

Transparenz, Ubiquität, vollständiges und unmittelbares Wissen, das ist es, was man zum Überleben benötigt. An diesem Punkt beginnt eine Verflechtung mit dem Gegner: Das Ideal für den einen besteht darin, sich an die Stelle des anderen, des Feindes, zu setzten, selbst demjenigen die Befehle zu erteilen, der einen bekämpft; es besteht zugleich in der Infiltration, der Manipulation der Propaganda, dem Ministerium der Angst und den Brandenburg-Bataillonen oder den Skorzeny-Kommandos, die zum Feind überlaufen, um ihn zu täuschen. Die Spionage wird zum Massenphänomen. Die Notwendigkeiten des absoluten Krieges erfordern, daß jeder jeden kontrolliert und täuscht, es ist der Anfang einer sozialen Überbelichtung, die auf diejenige des Umfeldes, des Territoriums folgt. Das Bestreben, alles zu wissen, und zwar sofort, führt zur Identifizierung mit dem anderen, besonders wenn die Bewegung dieses Wissens nicht mehr nur Kenntnis erfordert, eine Wissenschaft von den gegnerischen Aktionen, sondern ein Vorwissen über Vorhaben des Feindes. Die Notwendigkeit, sich im Stadium des Projekts auf allen Schauplätzen und in allen Dimensionen des Kampfes einzunisten, bedeutet eine tatsächliche Umkehrung der Rollen. Es ist nicht notwendig, weiter nach den Ursachen für die schwerwiegenden Probleme und die Krise der klassischen Geheimdienste im Verlauf des Zweiten Weltkrieges zu suchen – der Agenten, denen man selbst dann nicht mehr glaubt, wenn sie außergewöhnliche Informationen mitbringen. . .

Die Spionagespezialisten werden buchstäblich gedoubelt, einerseits durch die Vermehrung der Nachrichtensysteme und andererseits durch die beachtliche Entwicklung des Denunziantentums in der Bevölkerung, durch die Amateure. Die Spezialagenten besitzen nicht mehr das Privileg der Enthüllung, des Verrats; die Perfektionierung der technischen Wahrnehmungs- und Ortungssysteme ersetzt sie bei zahlreichen Missionen nahezu überall. Auch der „psychologische" Krieg verwandelt, in Konkurrenz zum „elektronischen" Krieg, Hunderttausende von Zivilisten in potentielle Denunzianten von Verdächtigen jeder Art: Fallschirmjäger, Juden, geflohene Gefangene. . . Information und soziale Kontrolle werden zum Prinzip des Verteidigungsgeistes: das Radio informiert man per Telefon die Obrigkeit über jede Abweichung, die sich in der unmittelbaren Nachbarschaft ereignet. Dies ist eine der Formen des zivilen Kampfes für den Bürger des totalitären Staates, für den Bewohner der Zitadelle Europa.

Die Eigenart der Werke tritt nicht so scharf hervor, wenn man in ihnen wohnt. Sie wurde mir erst deutlich, als ich gestern den Bunker 14 vom Zollhaus Greffern revidierte, den die Besatzung verlassen hat. Als ich mit großer Mühe die ungeheure Stahltür geöffnet hatte und in die Betongruft hinabgestiegen war, stand ich zwischen de Maschinenwaffen, den Entlüftern, den Handgranaten und der Munition und hielt den Atem an. Zuweilen fiel ein Tropfen von der Decke, oder es läutete in verschiedenen Signalen das Festungstelefon. Hier erst erkannte ich den Ort als Wohnsitz eisenkundiger Zyklopen, denen das innere Auge fehlt – ganz ähnlich wie man in Museen oft Gegenstände schärfer in ihrem Sinn erkennt als jene, die sie vor langer Zeit benutzten und fertigten. So war ich, wie im Inneren der Pyramiden oder in der Tiefe der Katakomben, dem Zeitgeist konfrontiert, den ich wie ein Idol ganz ohne den bewegten Schimmer der technischen Finessen sah und dessen ungeheure Stärke ich begriff. Übrigens erinnerte das sehr Gedrückte, Schildkrötenhafte dieser Bauten an die aztekischen Architekturen, und nicht nur äußerlich. Was dort die Sonne war, ist hier der Intellekt, und beide stehen in Beziehung zum Blut, zur Todesmacht.

Ernst Jünger

Der Monolith

Eines der hervorstechenden Merkmale des Bunkers besteht darin, daß es sich bei ihm um eine der wenigen modernen monolithischen Architekturen handelt.

Während die meisten Bauwerke durch ihr Fundament mit dem Grund verwachsen sind, besitzt der Bunker überhaupt keines; sein Schwerpunkt ersetzt es. Hieraus erklärt sich seine Fähigkeit zu einer gewissen Mobilität, wenn im umliegenden Terrain Projektile einschlagen. In diesem Umstand ist auch der Grund dafür zu sehen, daß man manchmal auf Bunker stößt, die abgeknickt oder umgekippt sind, ohne daß sie große Beschädigungen aufwiesen. Die Analyse dieser Homogenität, dieses Monolithismus hat ihren guten Sinn, weil er mehrere Aspekte der Bedingungen des modernen Krieges enthüllt.

Angefangen bei den Wurfwaffen und dann besonders mit dem Erscheinen der Artillerie hat der Krieg nicht nur durch Verteidigungsanlagen, durch die Organisation der Frontlinien und der Grenzen einer Landschaft neu geschaffen, sondern er hat auch mit Naturkräften konkurriert: Feuer, Sprengstoff, Palisaden aus Rauch, Gase haben Schritt für Schritt dazu beigetragen, ein künstliches Klima zu schaffen, das dem Schlachtfeld, oder genauer: dem Augenblick der Schlacht vorbehalten war. Diese Erfindung allein verdient eine gründliche Untersuchung, denn sie stellt den Ursprung dessen dar, was wir seit kurzem als Umweltverschmutzung, Übersättigung, biologisches Ungleichgewicht zu bezeichnen gewohnt sind. Die Kriegskunst zielt darauf ab, genau dort einen für den Menschen lebenswidrigen Ort zu schaffen, wo sich sein natürlicher Siedlungsraum befand. Zunächst durch das Niedergehen von Pfeilen und Lanzen, die buchstäblich auf den Gegner „niederregnen“, dann durch den Einschlag von schweren Steinen, die von Katapulten aus abgeschossen wurden, und durch Fluten aus brennender Substanz, mit denen der Angreifer übergossen wird. Aber mit Ausnahme des mutwillig gelegten Feuers, das Waldflächen und eroberte Städte verwüstet, ist der Vergleich mit den atmosphärischen Gewalten bis zur Entwicklung der Kanone, die bereits den Beginn einer Sättigung des Raums durch das Kartätschen, die Feuerflächen der Artillerie und Artilleriebekämpfung ermöglicht, trügerisch.

Das erkennt man übrigens an der Anordnung der Bastionen und Festungen des klassischen Zeitalters: Es ist die steinerne Materialisierung der potentiellen Geschoßbahnen der Artillerie, die die Skulptierung der Grundform der Mauer einer befestigten Stadt ermöglicht. Es verhält sich so, wie Errard de Bar-le Duc feststellte: „Die Befestigungskunst ist nichts anderes als die Kunst, die Linien, auf denen die Fundamente des Umrisses einer Befestigungsanlage entworfen werden, zu beugen und umzulenken, so daß der Feind, unabhängig von der Seite, von der aus er angreift, von vorn und von der Seite aus gesehen und verwundet werden kann.“

Doch man wird auf die Artillerie mit gezogenen Kanonenrohren und den Ersten Weltkrieg warten müssen, um die Schaffung eines Stahlbogens, eines Feuerhimmels zu erleben, der durch die Dichte der Projektile, Geschosse,

Torpedos, Bomben und so weiter selbst erzeugt wird. Das Erscheinen des chemischen Krieges wird dieses neoatmosphärische Spiel durch Rauchbomben und Giftgaswolken vervollständigen.

Die Luftwaffe, Projektil und Vehikel in einem, wird übrigens im Überfliegen der Kriegslandschaft, mit den ersten fliegenden Bomber- und Jagdgeschwadern die Verwirklichung einer neuen Art atmosphärischen Maschine darstellen; sie wird in der Tat die Wirkungen der Artillerie mit großer Reichweite vergrößern. In diesem Licht muß die militärische Architektur des Zweiten Weltkrieges gesehen werden.

Die Möglichkeiten der Waffenmechanik haben sich derart entwickelt, daß sich sogar das Mineral der Fluidität der Flüssigkeiten anpaßt; mit Ausnahme des Felsens paßt sich die ganze Erde der fließenden Unbeständigkeit des Ozeans an. Es vollzieht sich eine Mutation des physischen Territoriums, zum Vorschein tritt tatsächlich der erste Typus der „Spaltung" – noch vor dem Erscheinen der Atomwaffe. In Wahrheit hat die Bewaffnung prinzipiell immer auf diese Dekonstruktion abgezielt, zunächst auf die Zerstörung des menschlichen Körpers, des Harnischs, dann der zu seinem Schutz erbauten Befestigungsmauer. Danach sind es die Bedingungen des menschlichen Habitats selbst, die zum bevorzugten Ziel der Auflösung-Zerstörung geworden sind; es ist die Gesamtheit der Umweltbedingungen, die die Rüstungswissenschaft aufzulösen bestrebt ist: Das, was der biologische Krieg für die Fauna bedeutet, bedeutet der ökologische Krieg für die Flora und der Atomkrieg mit seiner Strahlung für die Atmosphäre. Unter diesen neuen Bedingungen kann die militärische Architektur, die bislang mit Gräben, Wällen, Türmen, Schikanen nur eine geometrische Organisation der Landschaft bewerkstelligt hatte, ihre Aufgaben nicht mehr erfüllen. Das künstlich durch die neuen Waffen geschaffene Klima macht es notwendig, daß die militärische Bautechnik ausschließlich den Kriterien der Künstlichkeit entspricht. Die Qualität des Standortes ändert sich, man wohnt einer Bewegung des allgemeinen Eingrabens bei, ganz im Gegensatz zur Errichtung der alten Mauern. Zwischen dem Ersten und Zweiten Weltkrieg baut man sogar eine vollständig eingegrabene Festungsanlage: die Maginot-Linie. Das Leitwort der Festungsarchitekten lautet nun: Undurchlässigkeit; es ist gleichzeitig das Zeitalter des Untersee-Bootes und des Unter-Irdischen, denn nur noch weit genug vorangetriebene Tiefe kann einen wirkungsvollen Schutz vor der Allmacht der neuen Waffen bieten. Der Mensch sucht die Abwehr der Schläge seines Gegners nicht mehr im Abstand sondern im Einscharren: Von nun an zieht man sich in die Dichte der Erde zurück, und nicht mehr in ihre Fläche.

Der Boden und die Anlagen auf ihm werden deshalb vollständig der nuklearen Auflösung ausgeliefert sein; hierin wird die Strategie des Spieleinsatzes von urbanem Lebensraum bestehen, das Gleichgewicht des Schreckens, bis hin zum Kampfanzug für verseuchte Zonen, der die Erneuerung des unabhängigen Tauchgeräts von U-Boot-Fahrern darstellt. Es gibt eine Abstammungslinie, die vom Harnisch bis zum Tauchgerät führt; das Feld des Krieges dehnt sich auf die Gesamtheit des Raumes aus, die natürliche Landschaft wird durch eine neuartige Landschaft ersetzt, in der alles flüchtig ist, in der tatsächlich alles in Flammen aufgehen kann. Ein anderer, ein für den Mensch überhaupt, nicht nur für den Soldaten, von Grund auf unbewohnbarer Planet, das ist es, was die moderne Kriegskunst hervorbringt: die Erde durch eine zeitweise Rückkehr in den Gaszustand in eine Pseudosonne verwandeln. . .

Das alles ist in der Charakteristik des Betonmassivs präsent, das gebaut wurde, um Geschossen und Bomben, um Giftgasen und Flammenwerfern zu widerstehen. So wie die Bastion des 18. Jahrhunderts die ballistischen Systeme der ersten Artillerie materialisierte, so wird der Bunker unter Berücksichtigung dieses neuen Klimas erbaut; sein beschränktes Volumen, seine abgerundeten oder abgetragenen Winkel, die Dicke der Mauern, das Schießschartensystem, die verschiedenen Verdunkelungsarten der wenigen Öffnungen: Panzerung, Stahltüren, Belüftungsfilter – alles das repräsentiert die Gestaltung eines anderen militärischen Raums, einer neuen klimatischen Realität.

In normalen Zeiten ein Anachronismus, scheint der Bunker in Friedenszeiten so etwas wie eine Überlebensmaschine, wie das an den Strand gespülte Wrack eines U-Bootes zu sein. Es erzählt von anderen Elementen, von unglaublichem atmosphärischen Druck, von einer unbewohnbaren Welt, in der Wissenschaft und Technologie die Möglichkeiten einer endgültigen Auflösung entwikkelt haben. Wenn der Bunker mit einem Grenzstein, mit einer Stele verglichen werden kann, dann weniger durch das System der Einschreibung, als vielmehr durch seinen Standort, seine Form, das Material und die Zubehörteile: Periskope, Bildschirme, Filter und so weiter. Das Ziel des Monoliths ist es nicht, den Jahrhunderten zu widerstehen, die Dicke seiner Wände deutet lediglich auf die zu erwartende Gewalt des Einschlags im Augenblick des Angriffs hin. Die Kohäsion des Materials entspricht hier der Immaterialität des neuen kriegerischen Umfeldes; die Materie besteht in einer Welt fortgesetzter Erschütterungen in der Tat nur mit Mühe fort. Die Landschaft des zeitgenössischen Krieges ist die eines Orkans, der die Dinge in die Luft schleudert und zersprengt und schließlich durch Fusion und Spaltung verstreut und auflöst. Das, was beim Übergang von den Molekularwaffen zu den Nuklearwaffen auf mikroskopischer Ebene von den chemischen oder biologischen Reaktionen in den Reagenzgläsern herrührte, ereignet sich fortan im makroskopischen Universum des menschlichen Territoriums. Eine Teilchenwelt in Bewegung, das ist die Inschrift der Betonstelen.

Die Gesetzmäßigkeiten der Seestrategie werden sich von 1940 an auf die Gesamtheit der Kampfmethoden ausdehnen. Die Eroberung der dritten Dimension durch die Luftwaffe und die Ausweitung der submarinen Offensive werden dem Zweiten Weltkrieg sein „Volumen" verleihen. Was gestern noch das Privileg der Seemächte war, wird fortan darauf abzielen, dasjenige der gesamten militärischen Institution zu werden: die Beherrschung des Himmels wird die der Meerestiefen vervollständigen.

Mit den neuen Möglichkeiten der vertikalen und nicht mehr nur horizontalen Invasion und Zerstörung verändert sich das Spiel des Krieges erneut von Grund auf. Die Befestigungsmauern, die sich im Verlauf der vorausgehenden Jahrhunderte von den Stadtgrenzen an die Grenzen der Nationalstaaten verschoben hatten, verschieben sich noch einmal bis an die Grenzen zu den wasserbedeckten Ebenen. Die „Festung Europa" ist ein Hinweis auf diesen geschichtlichen Augenblick, in dem die Oberfläche der Welt sich in Überbelichtung der Aggression aussetzt.

Die Organisation Todt baute nicht nur die Bunker des Atlantikwalls, sie errichtete auch unzählige städtische Schutzräume für die Zivilbevölkerung; eine ganze

Gesellschaft gräbt sich ein, um außerhalb einer bewohnbaren Oberfläche zu überleben. Es zeichnet sich also eine doppelte Bewegung ab: Die großen industriellen Konzentrationen werden sich auflösen, sie werden sich in der Weite Europas zerstreuen, um zu versuchen, einer Zerstörung zu Bruchstücken, einer stärkeren Auflösung zu entgehen, während sich die den Verwüstungen der Bombardierungen ausgelieferte Bevölkerung in jenen Betontürmen zusammendrängen wird, die den urbanen Raum markieren; diese Luftschutzräume werden, gemeinsam mit der Untergrundbahn, die letzten Zufluchtsorte für die Städter. Die Welt ist nicht mehr nur zugleich Meeres- und Luftküstenstreifen, und der Atlantikwall kann nicht von diesem Ensemble der zivilen und industriellen Verteidigung losgelöst werden: Der Angriff auf die Festung Europa wird in der dritten Dimension des letzten militärischen Raumes stattfinden.

Die Orientierung auf die Weite hin, zur ozeanischen Leere, und der mythische Charakter dieser Wache des Beobachtungspostens vor der Unermeßlichkeit des Meereshorizonts unterscheiden sich nicht mehr von der Angst der Bevölkerungen in Erwartung der Ankunft der Bombergeschwader am nächtlichen Himmel. Nun gibt es keine schützenden Flächen und keine schützenden Entfernungen mehr, die Oberfläche des Territoriums ist in ihrer Gesamtheit zugänglich, alles ist unmittelbar dem Blick und der Zerstörung gleichermaßen ausgesetzt. Dies ist gleichbedeutend mit dem Verschwinden des Schlachtfeldes und der Kämpfe an der Peripherie; die europäische Festung ist dreidimensional, die Bunker an den Stränden sind die Ergänzung zu den Luftschutzräumen in den Städten, die U-Boot-Basen sind nichts anderes als das Pendant zu den unterirdischen Basen der Industrie.

Schließlich ist der Raum homogenisiert, der absolute Krieg ist Realität geworden, der Monolith ist sein Denkmal.

Es entsteht eine neue Geographie, die der betonierte Bunker markiert. Von dem einen bis zum anderen Ende Europas wohnt man einer neuen Synizese bei.

Wenn der Nazistaat die innere Kolonisierung der europäischen Völker organisieren will, dann ist es vor allem die Macht der Waffentechnik, die ihn zu einer neuen Anordnung der Einrichtungen führen wird. Die Notwendigkeiten der territorialen Aufteilung werden die Bedeutung der Verkehrsverbindungen, aber auch deren Verwundbarkeit vergrößern. Nach dem Eingraben der Fabriken und Depots stellen Schienenstränge, Straßen und Flugplätze tatsächlich die letzten Einrichtungen auf der Erdoberfläche dar. Man wird deshalb die Unveränderlichkeit der Infrastruktur, die beständige und stabile Landschaftsordnung zugunsten mobiler, zerlegbarer Strukturen in Frage stellen: motorbetriebene Brücken der Pioniere, Flugplätze aus vorgefertigten Platten, künstliche Häfen vom Typ „Mulberry", provisorische, aufrollbare Landebahnen und so weiter. Das Merkmal bestimmter Kampfvehikel, die zugleich als „Geländefahrzeug" und als „Amphibienfahrzeug" diente, überträgt sich auf die Gesamtheit der Transportmittel. Unabhängigkeit und Autonomie der rollenden Ausrüstung entwickeln sich im Vergleich zu den Infrastrukturen weiter, Mobilität und Autarkie werden zu Leitbegriffen – Verwurzelung ist ein zu großes Risiko geworden –, alles muß sich fortan bewegen, um der Zerstörung zu entgehen. Am Ende des Ersten Weltkrieges nannte man die allerneuesten Panzer in Anlehnung an die Panzerschiffe „Erdpanzer"; ihre Form erinnerte so ziemlich an den Rumpf eines Schiffes. Am Ende des Zweiten Weltkrieges zielt fast die Gesamtheit der Vehikel drauf ab, den maritimen Transportmitteln ähnlich zu sein. Diese allgemeine Ambivalenz der Instrumente des modernen Krieges ist bereits ein Hinweis auf die Entmaterialisierung des Bodens; die Erde ist nicht mehr die gute Heimstatt, sondern eine gefährliche und aleatorische Ebene, die als deren Verlängerung den Meeresweiten verwandt ist. Vor dieser morphologischen Ambiguität wird der Einsatz der Verteidigungsanlagen äußerst schwierig zu verwirklichen sein, denn alles kann eindringen, und das gleichzeitig von überall her. . .

Der monolithische Charakter des Bunkers läßt sich nicht anders erklären. Durch Schießdisziplin mit den anderen Elementen der Verteidigungslinie verbunden, muß der Bunker darüber hinaus dazu in der Lage sein, seinen eigenen Schutz zu gewährleisten (der deutsche Diktator wird diese Festungstheorie nach der Landung der Alliierten anwenden).

Das Ziel der Befestigungsanlage ist es, von einem Objekt zu einem „Subjekt" zu werden; ist das Panzerfahrzeug nicht zugleich eine rollende Festung? Mit seinem Tonnengewicht gleicht der Panzer einem Stahlbunker so ziemlich. . .

Der sich auf Ketten drehende Geschützturm der leichten Artillerie dreht sich auch auf dem Betonfundament der Stützpunkte: die „Tobruks" sind meist mit Geschütztürmen ausgemusterter Panzer bestückt. . .

Um diesem Wahnsinn der Hybridisation die Krone aufzusetzen, wird General Habicht 1944 im Norden Frankreichs den Prototyp eines mobilen Bunkers bauen, während die deutschen Ingenieure zum selben Zeitpunkt in ihren Arsenalen das Modell eines riesigen Schlachtpanzers schaffen, einen wirklichen Koloß von der Größe eines Gebäudes. . .

Die „Überlebensmaschine" aus Stahlbeton, durch ihre Undurchlässigkeit einem Unterseeboot ähnlich, durch ihre Masse und ihre Artillerie dem Panzerfahrzeug, von fliegenden Festungen überflogen, wird zahlreiche Elemente und Zubehörteile allen möglichen Apparaten entlehnen. Hydrodynamik, Aerodynamik, diese gegenseitige Durchdringung bis dahin vollständig unterschiedlicher Elemente wird eine letzte Vermischung des Lebendigen mit dem Unbelebten verwirklichen: die aerostatische Architektur.

Wenn der Mensch für das Leben in seiner natürlichen Umwelt keinerlei Maschinen bedarf, dann braucht er sie aber für das Überleben in einer feindseligen Umwelt. Denn während des Kampfes wird die Erdoberfläche unbewohnbar und die allereinfachsten Bewegungen werden dort unmöglich.

Dieser Zwang verändert sowohl die Bekleidung – die Uniform – als auch die Wohnverhältnisse – den Bunker. Er bedeutet das Erscheinen des Helms, des Schildes, des Harnischs, der allermodernsten schußsicheren Westen. Die Stoffkleidung, die dazu dient, den Körper vor den Unbilden der Witterung zu schützen, verbindet sich deshalb mit zusätzlicher Dichte: Stahlmaschen, Metallplatten, die dazu bestimmt sind, ihn vor dem Einschlag der Projektile zu schützen. Seit dem Erscheinen der Rüstung gibt es außerdem eine Analogie zur Befestigung: man wird vom „Mantel" der Befestigungsmauer sprechen, um eine harte Steinverkleidung am Abhang zu bezeichnen. Von „Bastion", um das Brustteil des Harnischs eines Reiters zu bezeichnen. Das Verhältnis zwischen Bekleidung und Wohnung ist in Kriegszeiten äußerst eng, und die Identifizierung der Körperpanzerung mit der Steinpanzerung führt uns zur Bewertung anderer Analogien zwischen den Formen des territorialen und des tierischen Körpers: die Kehle, die Schulterwehr, der Zapfen und so weiter, letzte Beispiele für einen Bereich, der mit der Mutter Erde, mit den chthonischen Gottheiten gleichgesetzt wird.

Es besteht also kein Anlaß, darüber verwundert zu sein, daß Wörter, die normalerweise Kleidungsstücke bezeichnen, auch die Verschalung, den mineralischen Schutz bezeichnen. Aber das ist noch nicht alles. Die Festung ist ein spezielles Bauwerk; man lebt dort nicht auf Dauer, man sucht sie zwecks Ausführung besonderer Handlungen auf, zu einem bestimmten Zeitpunkt, im Verlauf einer bewaffneten Auseinandersetzung oder während einer konfliktgeladenen Epoche. Genauso wie man seine Rüstung für die Schlacht anlegt oder seinen Regenmantel, wenn es regnet, zieht man sich ins Fort zurück, wenn die Umweltbedingungen der Friedenszeit der Meteorologie der Kriegszeit den Platz überlassen. Was dank der Dichte von Schiefer oder Ziegeln für den Schutz gegen Hagel, Schnee oder Regen ausreichte und hinter der Dicke der Mauer die Wärme zurückhielt und vor dem Wind schützte, ist nunmehr unzureichend, um vor Kugeln, Geschossen oder Bomben zu bewahren. Alle Bedingungen zur Errichtung eines Gebäudes werden durch die Kriegskunst von Grund auf verändert. Die Errichtung von Zitadellen im Verlauf der Jahrhunderte war das Ergebnis einerseits der Entwicklung des Wertes von Standorten – jeweils abhängig von der Politik der Staaten – und andererseits der fortschreitenden Erfindung neuer Kriegführungstechniken. Die Bedeutung dieses kriegerischen Neoklimas ist bislang nicht hinreichend gewürdigt worden; was man jedoch von nun an den „ökologischen Krieg“ nennt, existiert bereits seit der Antike, und die Entwicklung der modernen Waffentechnologie ist nichts anderes als die Weiterführung einer langen Reihe von Kriegsmitteln.

Die militärische Vernunft legt nicht nur das Fundament für eine neue Landschaft, die Landschaft des Krieges, indem sie das soziale Territorium durch strategische Wege und Forts organisiert, sie erzeugt auch ihre Atmosphäre, und genauso wie es zwei Zeiten gibt, die des Friedens und die des offenen Krieges, gibt es nicht nur eine, sondern zwei Atmosphären.

Wenn die Befestigungsmauer dick ist, dann nicht deshalb, um das Abrutschen des Geländes zu verhindern, sondern um der Einschlagswucht der Geschosse, dem Minenfeuer, allem, was die Natur nicht an Möglichkeiten bietet, zu widerstehen. Die Befestigungsanlage entspricht dem Akzidentiellen, das Duell zwischen Waffe und Rüstung hinterläßt durch die Fortschritte seiner Mittel und Methoden, die Potentialität selbst seiner Erfindungen, seine Spuren in der Organisation des Territoriums: So ist der Krieg im Frieden gegenwärtig, Und es entfaltet sich parallel zur Geschichte der zivilen Produktion eine andere Geschichte; in der immer neuen Perspektive einer militärischen Auseinandersetzung entwickeln sich Kräfte und Energien, diese zugleich heimliche und überraschende Produktion aber ist zu wenig bekannt. Das kleine Kind ist anfangs über den Wechsel von Tag und Nacht erstaunt, über das erste Gewitter, über den Schnee; dann gewöhnt es sich an die Bedingungen und Sequenzen seines gewohnten Umfeldes . . ., aber nur einige wenige Fachleute kennen sich bei den Druckwellen der Atomwaffe, dem Feuersturm des Phosphors, den Phosgennebeln aus. Es handelt sich hier um Feuerwerke von Feuerwerkern, um eine atmosphärische Schöpfung; so wie es Musikwerke oder Theaterwerke gibt, inszeniere man ein ökologisches Spektakel, das durch seinen Umfang, seine Originalität sogar, die Massen in Erstaunen versetzen wird. Das ist es, was sich in jedem Krieg ereignet, was sich im letzten mir den Luftbombardements ereignete, diesem unheilvollen nächtlichen Zauberspiel. Die militärische Vernunft hat immer darum gekämpft mit der Macht und der Dauerhaftigkeit der natürlichen Phänomene zu rivalisieren: ein dauerhafteres Feuer zu schaffen als dasjenige, das die Sonne im Buschwerk entflammte, einen stärkeren Einschlag als derjenige der Steinlawine, eine dem Erdbeben vergleichbare Erschütterung, genau darin besteht das Geschäft des Krieges. Die natürlichen Elemente werden in ihm notwendigerweise überschreitbar: Die Nacht soll die Objekte, die Truppenbewegungen nicht mehr verbergen, ebensowenig wie der Nebel den Vormarsch der Soldaten nicht mehr behindern soll; man muß die Wände aus Pflanzen mit Infrarot oder mit Entlaubungsmitteln, die für die Walddeckung die Wirkungen der Leuchtkörper für die nächtliche Dunkelheit erneuern, durchsichtig machen. Antizipation und Ubiquität sind Notwendigkeiten des Krieges, und weder Entfernung noch Hindernisse in der Oberflächengestalt dürfen Aufklärung und Erkundung behindern. Einerseits muß man alles sehen und alles wissen, anderseits müssen unendlich dichtere Deckungen und Schutzschirme geschaffen werden, als die Natur sie bot – und die wir selbst gerade aufgelöst, hinter uns gelassen haben. Nirgendwo sonst manifestiert sich prometheischer Wille so machtvoll wie hier: Hier muß man, glaube ich, den Ursprung der

Industriegesellschaft suchen: die Kriegsmaschine als Archetyp der industriellen Maschinen. Aber die Synthese von Kleidung und Kriegsunterkunft verdoppelt sich um die des Vehikels, das gleichzeitig den Raum und die Zeit „verkleinert".

Genau hierin besteht die Originalität der neuen Produktionsweise; es sollte niemals vergessen werden, daß der Vorläufer des Automobils, der Karren des Militäringenieurs Cugnot, bei seiner ersten Fahrt von Paris nach Vincennes eine Kanone zog . . .

Die Verteidigungsarchitektur ist also eine instrumentelle, sie existiert weniger für sich selbst als im Hinblick auf „ein Machen": warten, wachen, dann handeln, oder reagieren. Das Bewohnen eines solchen Ortes ist weniger ein „Bleiben" als ein „Auskleiden" für eine Aktion, deren Instrument der Bunker ist.

Diese Bauwerke sind nicht nur Behälter, sondern Kabinen, was sie auch von der normalen Architektur unterscheidet und ihnen diesen anthropomorphen Charakter verleiht. Hier ist eine enge Beziehung zwischen der Funktion der Waffe und des Auges zu erkennen.

Die Schießscharte nimmt eine Beziehung zwischen dem Bunker und den Begrenzungen des Schußfeldes vorweg; der Sehschlitz reduziert – wie das Zusammenkneifen des Lids – das Blickfeld auf das Wesentliche, auf das Ziel, allein zu dem Zweck, das innere Organ zu schützen – im vorliegenden Fall: den Mann, der zielt –, aber dieser Schutz ist gleichbedeutend mit einem Mehr an Sehschärfe. Mit der Verkleinerung der technischen Pupille schließt man tatsächlich einerseits die Risiken von Einschlägen aus, die das menschliche Organ zerstören könnten, und andererseits gleichzeitig die uninteressanten Nebenerscheinungen der Landschaft. Es handelt sich um eine Synästhesie: Der

Schutz erzeugt Sehschärfe, und die Sehschärfe gewährleistet dafür Schutz.

Der Bunker ist die Frucht dieser Kraftlinien. Er ist mit einem Netz verwoben, das sich in einem Spannungsverhältnis mit der Landschaft und, durch sie hindurch, mit der Fläche eines Gebietes befindet. Ein unsichtbares, immaterielles Netz, das unserer Wahrnehmung entgeht und es dem Bunker ermöglicht, sich gleichzeitig vor den Blicken und den Einschlägen zu verbergen.

Seine aerostatische Form hat gleichfalls eine doppelte Wirkung: Im Gelände versenkt, mit seinen abgerundeten oder abgetragenen Winkeln über ein Minimum an Unebenheiten verfügend, entzieht der Bunker sich gleichzeitig den Einschlägen der Projektile, die er umleitet oder entlang seiner Flanken abgleiten läßt, und er entzieht sich den Blicken, denn das Licht wirft keine Schatten mehr auf seine Umrisse.

Mit dem Boden, mit dem ihn umgebenden Erdreich verbunden, hat der Bunker, um sich zu tarnen, zum Ziel, sich nicht mehr von den geologischen Formen zu unterscheiden, deren Geometrie sich aus äußeren Kräften und Bedingungen ergibt, die jahrtausendelang gewirkt haben. Die Form des Bunkers nimmt diese Erosion durch Auslassung jedes überflüssigen Auswuchses vorweg; der Bunker verschleißt und schleift sich vorzeitig ab, um jeden Einschlag zu vermeiden, er rollt sich in das Kontinuum der Landschaft ein und entzieht sich so der Wahrnehmung durch uns, die wir an Anhaltspunkte und Zeichensetzungen gewöhnt sind.

Dieses ungewohnte Erscheinungsbild des Bunkers, das sich vollkommen von demjenigen normaler Bauwerke unterscheidet und auf einer Fotografie aufsehenerregend wirke, besitzt paradoxerweise die Eigenschaft, innerhalb der natürlichen Umwelt unbemerkt zu bleiben. Bei bestimmten nautischen Formen stößt man ebenfalls auf diese Eigenschaft, so als ob die hydrodynamischen, aerodynamischen und aerostatischen Konturen, die die Streuung von Flüssigkeiten ermöglichen, dieselbe Macht über die Visualität besäßen.

Während der Analyse stößt man immer wieder auf die Analogie mit dem Inhalt des flüssigen Elements, wobei die Küstenlage des Atlantikwalls diese Annäherung noch betont. Als autonomes Objekt ist der Bunker durch ein Verhältnis mit seiner Umwelt verbunden, das nicht nur dasjenige von der Form zum Inhalt, sondern umgekehrt auch dasjenige vom Inhalt zur Form ist.

Die Autonomie des Bunkers erhebt sich auf einem Grund, der als ein von Virtualitäten, Trieben, Mächten belebter gefürchtet wird. Die Leere existiert nicht mehr, alles kann sich bewegen, kommen oder gehen; die Erde hat von ihrer Materialität verloren, der Raum von seiner Leere, alles ist gesättigt, die gewöhnlichen Probleme der Architektur bleiben bestehen, allerdings verstärkt. Die Undurchlässigkeit beispielsweise bezieht sich nicht mehr ausschließlich auf das Ausfließen von Wasser, auf die Feuchtigkeit, sondern auf die Fluidität der Projektile, auf ihren Einschlag. Es handelt sich um eine Undurchlässigkeit für die Kompression und nicht mehr für die Kapillarität. Das Fundament ist nicht mehr die Basis im Boden (ein Sockel), sondern der Schwerpunkt; hieraus erklärt sich das Erscheinen der ersten bekannten, aus einem einzigen Block bestehenden Architekturen.

Durch seine Verarbeitung wird Beton, ein flüssiges Material, seinen Anteil an den neuen Merkmalen dieser Bauwerke haben. Der Beton wird bei ihnen entsprechend einem eigenen Prinzip verwendet, was nicht überrascht, weil bedeutende Spezialisten dieses Materials an den Arbeiten beteiligt waren, Finsterwald und Todt beispielsweise.

Bei Backstein- oder Steinbauten, das heißt bei Verbindungen von Einzelelementen, ist das Gleichgewicht der Gebäude Funktion des Verhältnisses First–Fundament. Beim Betonblockbau ist es der Zusammenhalt des Materials selbst, der diese Rolle übernehmen muß: Der Schwerpunkt ersetzt das Fundament.

Im Guß des Betons gibt es also keine Zwischenräume, keine Nahtstellen mehr, alles ist kompakt; der durchgängige Guß verhindert in höchstem Maße Ausbesserungen, die diesen Zusammenhalt des Bauwerks schwächen würden.

Der Bunker hat kein wirkliches Fundament mehr; er treibt auf einem Erdboden, der keinen Sockel mehr für sein Gleichgewicht bildet, sondern eine bewegliche und aleatorische Ebene ist, die, als deren Verlängerung, der Meeresebene ähnelt. Diese relative Autonomie gleicht die wellenförmige Schwankung des Bunkers aus, indem sie seine Stabilität inmitten der möglichen Veränderungen des ihn umgebenden Geländes garantiert.

Man überträgt auf das Bauwerk, was Sache der Waffentechnik war, und bezeichnet es meist als schändliches Bauwerk. Niemand erregt sich über die Schaufensterauslagen des Waffenhändlers. ebensowenig über die Ausstellung von Kriegsfahrzeugen. Während der Bunker die Mißbilligung des Krieges durch eine ganze Epoche in sich bündelt. Durch dazwischengefügte Materialien kommt hier zwar eine unverwechselbare Charakteristik zum Ausdruck, aber es besteht ein Irrtum bezüglich des Inhalts: Das, was der Kriegsmacht des Dritten Reichs in Rechnung gestellt wird, ist in Wahrheit der modernen Waffentechnik in

Rechnung zu stellen. Die imposanten Formen der Bunker des Atlantikwalls sind Konsequenz der gegnerischen Waffentechnik der Feuerkraft derjenigen, die uns von unseren eigenen Armeen befreiten. Als defensive Architektur ist der Bunker nicht, wie die offizielle Architektur des Naziregimes, Ausdruck einer neoklassizistischen Ästhetik. Er ist das Resultat einer anderen Geschichte, der Geschichte der Waffen und Verschanzungen, und ohne bis zu den Kasematten des letzten Jahrhunderts zurückzugehen, genügt es, die englischen, französischen oder deutschen Verteidigungsanlagen des Ersten Weltkrieges zu kennen, um viele der bautechnischen Lösungen wiederzufinden, die bei der Maginot-Linie wie beim Westwall Verwendung fanden.

Was vielen dieser Grenzmarkierungen des zeitgenössischen militärischen Raumes „Sinn“ verleiht, das ist die Feuerkraft der Gesamtheit der modernen Armeen, die Neuartigkeit der Ausrichtung des Risikos, die neue Ballistik des dreidimensionalen Krieges, die Neuartigkeit einer unmittelbar bevorstehenden, weltweiten Gefahr. In ihnen nichts als die Arroganz und die Gewalttätigkeit des Feindes zu sehen, wurde bedeuten, uns über uns selbst zu täuschen. Der Bunker markiert einen militärischen Raum, der Raum des letzten Spiels des Krieges war, eines Spiels, das alle Staaten dieser Welt gemeinsam im Verlauf des letzten Jahrhunderts entwickelt und perfektioniert haben. Der Bunker des Atlantikwalls warnt uns weniger vor dem Gegner aus vergangenen Zeiten als vor dem Krieg von heute und morgen: vor dem totalen Krieg, dem überall vorhandenen Risiko, der Unmittelbarkeit der Gefahr, der großen Verschmelzung des Militärischen und des Zivilen, der Homogenisierung des Konflikts.

Wenn man die zur Hälfte vergrabene Masse eines Bunkers mit seinen verstopften Belüftungsanlagen und dem schmalen Schlitz des Beobachtungspostens betrachtet, dann schaut man in einen Spiegel und gewahrt das Spiegelbild unserer eigenen Todesmacht, unserer eigenen Destruktivität, das Spiegelbild der Kriegsindustrie. Die Funktion dieses so außergewöhnlichen Bauwerks besteht darin, das Überleben zu gewährleisten, ein Schutzraum für den Menschen in einer kritischen Periode zu sein, der Ort, an dem er sich verkriecht, um weiterzuexistieren. Wenn er also der Krypta ähnlich ist, die die Wiederauferstehung präfiguriert, dann ähnelt der Bunker ebensosehr der rettenden Arche, dem Vehikel, das einen durch die Durchquerung tödlicher Risiken aus der Gefahrenzone bringt. Das Wort Kasematte bedeutet buchstäblich „starkes Haus", verstärktes Haus; es handelt sich also immer um eine Wohnung, oder eher um eine Art Kleidung, im Grunde genommen um einen kollektiven Harnisch. Wenn wir uns für die alten Rüstungen interessieren, dann bezeichnen die Verzierungen und Figuren deutlich den Ursprung und den – französischen, italienischen und so weiter – Stil, hier aber besteht fast nichts von dieser Form der Kennzeichnung fort. Die Allmacht der Waffen hat das, was noch an ästhetischer Absicht übrigbleibt, verflüchtigt. Wenn einige Anhaltspunkte die Unterscheidung zwischen französischen und deutschen Festungsanlagen ermöglichen, dann handelt es sich dabei nur noch um Probleme der Ausführung, um den Einfluß von Modellplänen, die sich noch für kurze Zeit von Land zu Land unterscheiden. Mit dem Bunker verschwimmen die Unterschiede der Anlagen; mit ihr wird sogar das Wesentliche der Systeme der Oberflächenverschanzung verschwinden.

Eine Geschichte kommt zum Abschluß, und die Grenzmarkierung aus Beton ist für uns ein Hinweis darauf, wo die lange Organisation der territorialen Infrastrukturen, der Märsche des napoleonischen Kaiserreiches an die Staatsgrenzen, an die kontinentale Schwelle, endet.

Der Bunker ist anwesender und abwesender Mythos zugleich geworden: anwesend als für eine transparente und offene zivile Architektur abstoßendes Objekt, abwesend in dem Maße, in dem sich die Festung von heute woanders befindet, unter unseren Füßen, von nun an unsichtbar.

Der Bunker ist uns noch vertraut, er koexistiert, er stammt aus einer Ära, in der sich die strategischen Begriffe des „vor“ und „nach“ (der Vorhut und der Nachhut) vollenden und in der diejenigen des „darunter“ und „darüber“ ihren Anfang nehmen, in der das Eingraben endgültig zum Abschluß kommt, in der die Erde nur noch ein riesiger Gletscher sein wird, der dem nuklearen Feuer ausgeliefert ist. Seine Poesie besteht darin, daß er nur noch ein einfacher Schild für diejenigen ist, die ihn benutzen, ebenso unbrauchbar schließlich wie die Rekonstruktion einer Kinderrüstung, eine leere Muschel, ein rührendes Phantom eines vergangenen Duells, bei dem die Gegner sich noch direkt durch den schmalen Schlitz ihrer heruntergeklappten Visiere beobachten konnten. In einem Zeitalter, in dem die Gewalt einer einzigen Waffe so groß geworden ist, daß keine Entfernung mehr wirklich vor ihr schützt, hat er den Charakter eines vorgeschichtlichen Relikts angenommen.

Im Sand der Küstenstreifen zurückgelassen wie die Hülle einer verschwundenen Gattung, ist der Bunker die letzte Theatergeste im Endspiel der abendländischen Militärgeschichte. Die alten Befestigungsmauern, die um die Stadt angelegten Gräben waren eine Wiederherstellung der Landschaft. Sonntags spaziert man an ihnen entlang, in der Nähe der mit Wasser gefüllten Gräben baut man Gemüse an, man legt Blumenbeete auf den Plattformen der Geschützbatterien an; es handelt sich um eine Geometrisierung auf der Ebene eines urbanen Perimeters, während sich die Bunker auf großen Flächen befinden. Ein wenig so, wie man Gegenstände entlang eines Verkehrsweges verliert, hat die zeitgenössische Verteidigung ihre Ausrüstungsgegenstände ausgestreut; die Festung ist nichts anderes mehr als diese lange Reihe von Stützpunkten, die sich aus einer Vielzahl von Bunkern zusammensetzen, wobei jeder von ihnen einem zweideutigen Instrument ähnelt: Pseudopanzer aus Beton, Riesenhelm der Artillerie-Beobachtungsstellen, tierähnliche Gestalt der Befehlsstände mit ihrer Stirnkuppel und ihren seitlichen Schulterwehren ... Als bunt zusammengewürfelte Mischung ist die Festungsanlage eine Mischung unterschiedlicher Gattungen geworden: Seltsamerweise verbinden sich in ihr mineralische mit tierischen Elementen, so als würde die letzte Festung alle Arten der Panzerung, von der des Chamäleons bis zu der des Panzers, symbolisieren, so als würde die oberirdische Bastion, bevor sie verschwindet, ein letztes Mal ihre Mittel, ihre Methoden in der Ordnung des Lebendigen wie des Nicht-Lebendigen zur Schau stellen.

Der Atlantikwall ist in der Tat ein an der Küste Europas errichtetes „militärisches Konservatorium"; er nimmt nicht nur alle Ressourcen für sich in Anspruch, angefangen bei den alten Hafenbefestigungen und archaischen Waffentechniken, sondern er vermischt die Gattungen, er verwischt die Spuren. In dieser kontinentalen Zitadelle sind unzählige Attrappen eingebaut: falsche Geschütze,

Holzwaffen, verschiedene Tarnungen. Hier verbindet sich der Mythos mit der Propaganda; die Befestigungsmauer ist auch eine ideologische und dient dazu, er Bevölkerung ein Gefühl von Sicherheit zu geben und zugleich den Feind im Angesicht des Uneinnehmbaren, des Unbesiegbaren zu entwaffnen.

Die letzte Zitadelle ist ein Theater, in dem Vergangenheit und Gegenwart des Krieges gebündelt sind, angefangen beim Dolch und beim Bogen für den lautlosen Angriff auf die Wächter über die Lockpfeife des Jägers in den Sümpfen und das Infrarotgerät bis hin zur stratosphärischen Rakete. Die europäische Festung faßt die Kunst der Verschanzung zusammen; alle Raffinessen finden in ihr Verwendung, von den Fußangeln der alten Legionen über die Panzerabwehrgraben oder die „Cairne" aus Stein, die in den Feldern errichtet wurden, um das Absetzen von Truppen mit dem Fallschirm zu verhindern, bis hin zu den höchstentwickelten Minen. Die intensive Propaganda, die den Bau der Festungsanlagen des Zweiten Weltkrieges (der Maginot-Linie wie des Atlantikwalls) begleitete, enthüllte gut diesen Charakter einer Inszenierung, ihre notwendigerweise spektakuläre Seite.

Wenn es eigentlich unnötig war, die Bevölkerung der „befestigten Städte" über die Haltbarkeit ihrer Stadtmauer in Kenntnis zu setzen, dann erfordert allein das Ausmaß dieser neuen Verteidigungsmaßnahmen gerade hier eine besondere Anstrengung.

Für die „befestigten Nationen" ist die Information wesentlich, sie ist der Garant für den Widerstandsgeist, für den Bürger ist sie die Sicherheit, daß die Grenzen des Territoriums undurchlässig bleiben. Das Überraschungsmoment des Luftkrieges wird diese Sicherheit teilweise aufheben, die Zerstörung der großen europäischen Städte wird die Schildwirkung der Grenz- oder Küstenbefestigungen endgültig unwirksam werden lassen; die Badefreuden des Sommers werden später an den Stränden, die an den Grenzen des Kontinents gelegen sind, die Treffen und Volksfeste auf den „Vesten“, an der Peripherie der alten Festungen wieder aufleben lassen.

Typologie der Festungsanlagen des Atlantikwalls

- Schieß-Kampfstände mit Schießscharten:

  Maschinengewehre
  75 bis 155 mm-Geschütze
  Panzerabwehrgeschütze, Haubitzen.

- Schieß-Kampfstände mit gepanzerter Glocke:

  Maschinengewehre
  Minenwerfer
  Granatwerfer
  leichte Haubitzen.

- Beobachtungsstände der Infanterie oder der Artillerie unter gepanzerten Glocken:

  Gefechtsleitstelle der Küstenbatterien.

- Luftabwehr-Kampfstände:

  20 bis 120 mm-Flugabwehrgeschütze
  Zielvorrichtungen

Schutzräume: Radio, Radar, Funktsteuerung
Gefechtsleitstellen

- Passive Bunker:

  Mannschaften, Munition, Übertragungszentren, Geschütze, Panzer, Befehlsstände, Sanitätsstellen, Stromaggregate, Transformatoren, Wasserversorgungsstellen, Küchen.

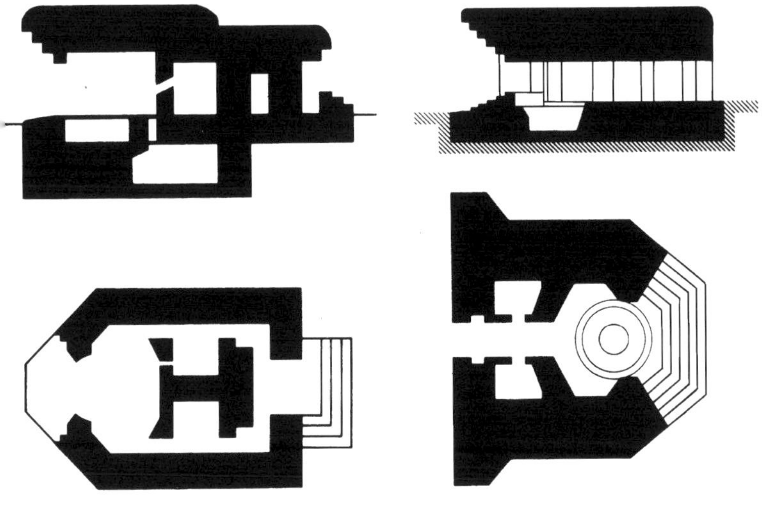

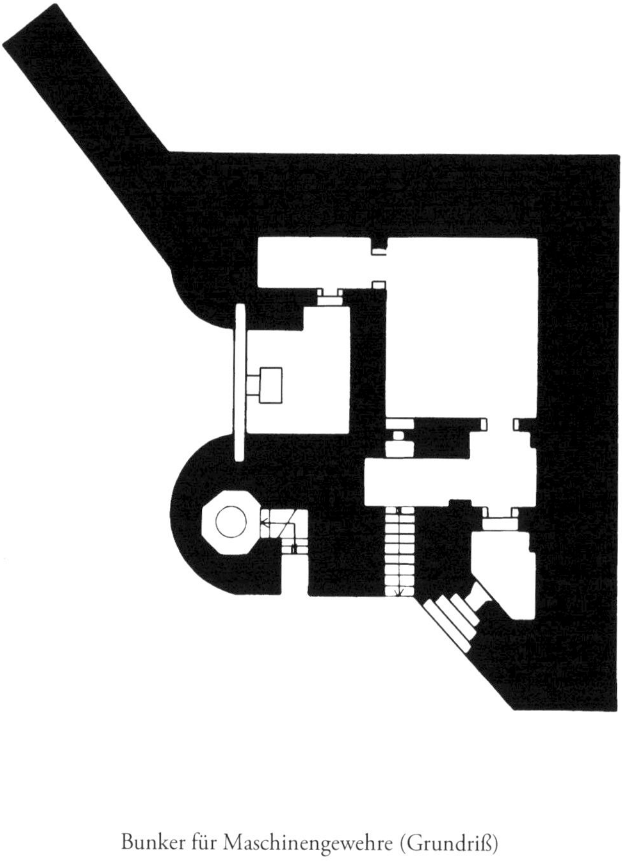

Bunker für Maschinengewehre (Grundriß)

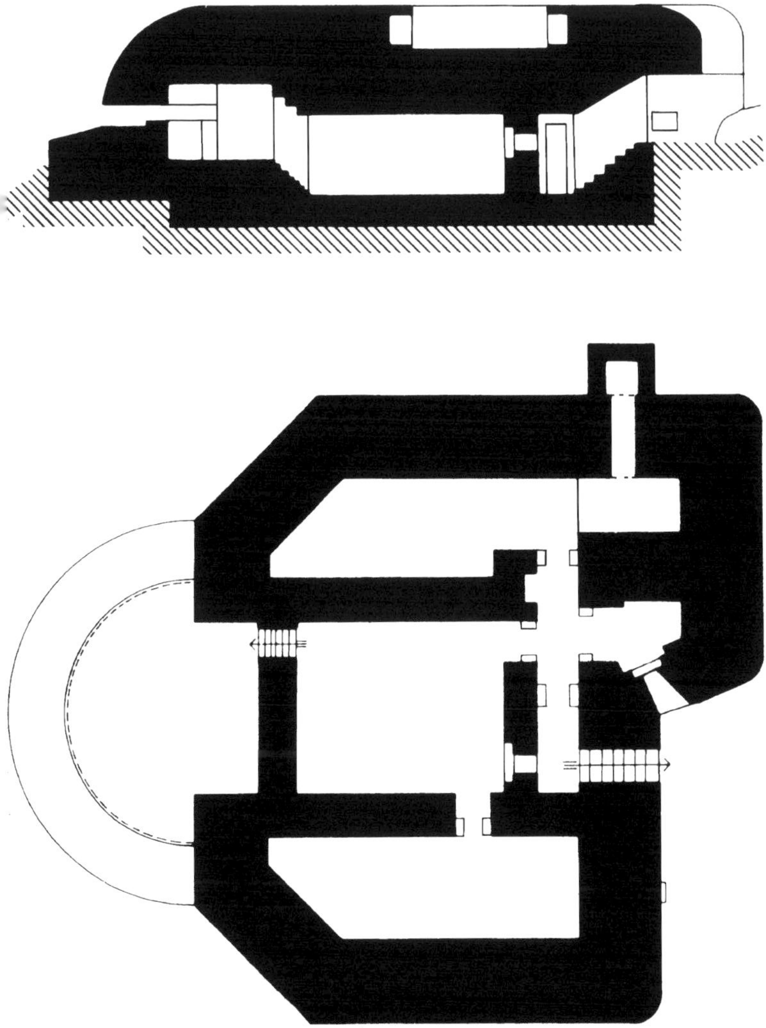

Beobachtungsstand mit Vertiefung (Schnitt und Grundriß)

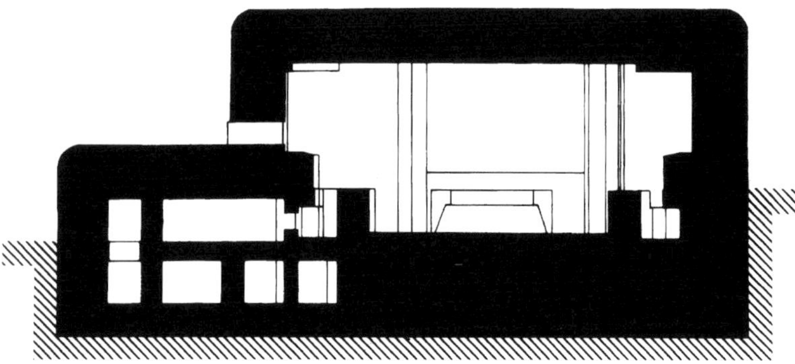

Bunker für Artillerie mit großer Rechweite, der Fritz Todt gewidmet ist (Schnitt und Grundrisse).

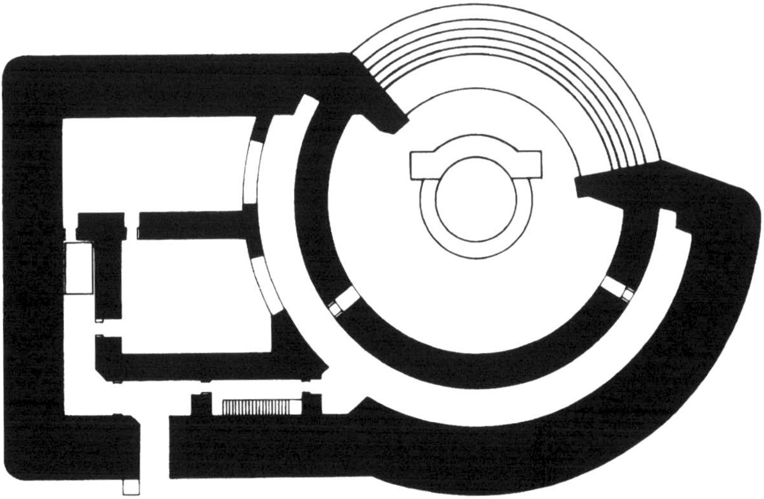

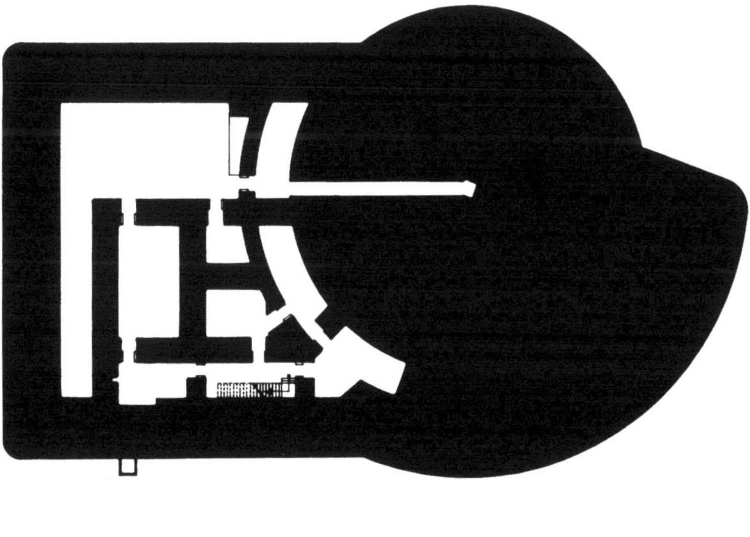

Die militärische Stärke wird über ihre Beziehung zum Schein gesteuert.

Sun Tse

Albert Speer

Im Gegensatz zu den verfolgten und hingerichteten Eichmanns zwanzig Jahre lang behütet und bewahrt, legt Albert Speer heute Zeugnis ab von den innersten Mechanismen des Dritten Reichs.

Mit seinen Memoiren verfügen wir über ein unschätzbares Zeugnis: den Reueakt eines Kriegsverbrechers. Dennoch ist vor der wohlwollenden Aufnahme der Kritik ein Hinweis notwendig: Diese spektakuläre Reue kann weder den Werdegang der Persönlichkeit verbergen noch die politische Parabel seiner Karriere verheimlichen.

Diese doppelgesichtige Schrift, in der alles im Hinblick auf die Gegenwart hin begradigt und durchgesehen worden ist, gibt präzise Auskunft über diese deutsche Duplizität, die Nietzsche in seinem *Ecce Homo* an den Pranger gestellt hat und die das Terrain für das Erscheinen des Nazismus bildete. Als Anpassungsphänomen liefert der Architekt Albert Speer uns dank dieses doppelten Verständnisses unersetzliche Enthüllungen über die kulturelle Verwurzelung des Regimes. Durch Ableben verhängnisvoll vollendet – das von Troost, dem Architekten Hitlers, im Jahre 1934, von Todt, dem Ingenieur und verantwortlichen Waffentechniker, im Jahre 1942 –, ermöglichte die Sühne der Nürnberger Kriegsverbrecher im Jahre 1945 Alben Speer heute diesen Wiederaufstieg, der für einen

Mann, der lange Zeit die zweitwichtigste Persönlichkeit des Dritten Reichs war, außergewöhnlich ist.

Dr. Jekyll war nicht notwendigerweise Physiologe. Wenn der Architekt Speer uns erklärt, daß für seinen Mister Hyde das Bewußtsein, eine politische Mission zu erfüllen, und seine Leidenschaft für die Architektur untrennbar miteinander verbunden waren, stellt sich heraus, daß diese Erklärung sowohl auf Speer als auch auf Hitler zutrifft, nur daß bei ihm die Mission des Architekten der Leidenschaft für die Politik vorausging.

Tatsächlich löst der plötzliche Aufstieg vom Generalbauinspekteur zum Reichsminister für Bewaffnung und Munition im Jahre 1942 bei ihm den kaum verhüllten Ehrgeiz auf eine Nachfolge aus. Effizienz wird folglich das Schlüsselwort des Architekten-Ministers. Er verwendet all seine Energie darauf, mit der Leistung seines Planungsamtes die Bedeutung und die Unersetzbarkeit seiner Stellung und, durch sie, die seiner Person zu vergrößern.

Dieser Machtwille, den er zuerst bei der Errichtung der Monumente offenbart, kann er bei der Gestaltung des „Lebensraums“ auf der gesamten Fläche Europas weiterentwickeln. Der Dekorateur der sechzig Quadratmeter des ersten Arbeitszimmers des Führers, der Architekt der zukünftigen Reichskanzlei, in der dieses Arbeitszimmer die epische Größe von neunhundert Quadratmetern erreichen wird, der Stadtplaner von Berlin, der den Bau einer 250 Meter hohen Kuppel plant, der sich für Nürnberg diesen Nachttempel ausdenken wird, bei dem die Beleuchtung der Wolken durch Hunderte von Scheinwerfern den Eindruck eines Hypostylon von 600 Metern Höhe ohne Decke vermittelte, dieser Mann wird jetzt auf der Fläche eines ganzen Kontinents arbeiten und, vor Goebbels, der eigentliche Promoter des totalen Krieges werden.

Gehen wir aber, bevor wir die Eigenart dieses Kontinuums analysieren, einen Schritt zurück: Sprößling einer gutbürgerlichen Familie, wegen „Mangel an Phantasie“ nicht in das Atelier des berühmten Poelzig aufgenommen, bereitet Speer, der 1931 in die Partei eingetreten ist, sein Diplom über die „Architektur der Germanen“ gemeinsam mit einem Historiker vor. Dieser abgewendete Blick, dieses fortwährende Sicherinnern, werden seine Karriere kennzeichnen. Er wird der Reproduzent nicht nur vergangener Stilrichtungen sein, sondern vor allem jener administrativen und strukturalen deutschen Bourgeoisie, die das Fundament des Hitlerregimes bildet. Ebendiese Basis, die er organisieren und schützen wird, als er die Leitung der Industrie übernimmt. Der deutsche Kapitalismus verdankt ihm also viel, und vor allem die Möglichkeit zu diesem „identischen“ Wiederaufbau unmittelbar nach dem Krieg, den Mitscherlich verurteilte.

1938 wird dieser Konservative außerdem den Mangel an Phantasie in einer „Theorie vom Ruinengesetz“ in Begriffe fassen. Nach Speer sind die entsprechend den modernen Techniken errichteten Bauwerke wenig dazu geeignet, für die zukünftigen Generationen „diese Traditionsbrücke“ zu schlagen, so wie Hitler es fordert. Es war undenkbar, daß rostige Trümmerhaufen eines Tages heroische Inspirationen hervorrufen können, wie es die Monumente der Vergangenheit so gut zu tun vermochten.

„Diesem Dilemma“, so schreibt er, „sollte meine Theorie entgegenwirken: Die Verwendung besonderer Materialien sowie die Berücksichtigung besonderer statischer Überlegungen sollten Bauten ermöglichen, die im Verfallszustand, nach Hunderten oder (so rechneten wir) Tausenden von Jahren etwa den römischen Vorbildern gleichen würden.“ Die entsprechend diesem

„Ruinengesetz“ geplanten Monumente wurden von den Thermen von Caracalla, vom Pergamon-Altar, vom Athener Stadion, den Kuppeln von Boullée und so weiter inspiriert sein. Dieser bunte Gemischtwarenladen sollte in der Totenstarre seiner Elemente überleben.

Das „Tausendjährige Reich“ hatte seinen Architekten gefunden, aber es handelte sich um vergangene Jahrtausende; vor allem nach der kulturellen Entwertung der zwanziger Jahre handelte es sich um einen New Deal für die bürgerliche Ästhetik.

Dasselbe tautologische Phänomen war damals in allen Demokratien zu beobachten, etwa im faschistischen Italien und im stalinistischen Rußland, wo die revolutionären Architekten verschwanden und von den Repetitoren der Vergangenheit ersetzt wurden. Die „Traditionsbrücke“ überspannte die politischen Systeme, die Gegensätze durch ein pathologisches Verhaftetsein vereinend, das bereits das ganze Ausmaß der kommenden militärischen Auseinandersetzung implizierte.

Im Jahre 1940, zu Beginn der Feindseligkeiten, gelingt es Speer, Hitler davon zu überzeugen, die Verantwortung für das Bauwesen und die Bewaffnung in die Hände ein und derselben Person zu legen: in die Hände von Fritz Todt. Dieses Aufeinandertreffen von Ziel und Projektil, die Vermischung von Waffe und Ziel (die ebenfalls Merkmale eines Prozesses des Verhaftetseins aufweisen) unterstreichen das absolute Wesen des Kampfes. Nach dem Unfalltod von Todt im Jahre 1942 wird die Machtkonzentration in den Händen seines Nachfolgers Albert Speer in dem Maße steigen, in dem das Dritte Reich expandiert.

Für den zum Minister avancierten Architekten wird das zentrale Planungsamt die wichtigste Institution der Kriegswirtschaft. Von der Hypertrophie der Monumente geht er schonungslos zur imaginären „Festung Europa“ über; der Blitzkrieg hat den Lebensraum bis an die Ränder des Kontinents ausgeweitet, der Luftkrieg hat mit der Invasion der Fallschirmjäger und der Zerstörung von Rotterdam der kriegerischen Auseinandersetzung seine dritte Dimension verliehen. Der Himmel hat sich verflüchtigt, alles ist zum Handlungsfeld geworden, der Krieg ist überall, von nun an wird nur wenig daran fehlen, bis er total ist. Speer wie Goebbels werden sich darum bemühen.

In der Zwischenzeit wird er vom Norden Norwegens bis in den Süden Frankreichs von der Organisation Todt die zahllosen Bunker bauen lassen, die Symbole der Schwäche des Nazistaates. Diese kryptische Architektur wird bald als Anhaltspunkt für die Entwicklung des nazistischen Raums dienen.

Diese Schutzräume aus Beton vermehren sich einerseits immer mehr und werden andererseits immer dicker, ein quasi vegetabilisches Anzeichen eines immer größer gewordenen Drucks, eines immer härteren „Klimas“. Schließlich werden sie die den Prestigebauten zugewiesene Rolle übernehmen, wobei sie weniger von der Macht des Dritten Reiches zeugen als vielmehr von seiner Angst zu verschwinden.

Im Gegensatz zum Atlantikwall wird der Minister und Städteplaner sich an der „Ostkolonisation“ beteiligen, indem er jeder deutschen Stadt den Bau einer Kolonialstadt in den besetzten Gebieten Polens und der Sowjetunion überträgt. Ein Jahr später mißbilligt er eine Entscheidung des Führers, der an der russischen Front keine Kriegsgefangenen machen wollte: Menschen zu vernichten, bedeutet Verschwendung von Arbeitskraft, Verzicht auf Arbeitskräfte; es ist lohnender, sie bei der Erfüllung ihrer Aufgabe in den Lagern oder den Tunneln der „Mittelwerke“ sterben zu lassen. Speer bereitet also gemeinsam mit Sauckel die Deportation der Millionen von Männern vor, die er für sein gigantisches Unternehmen benötigt.

Das reicht ihm aber noch nicht, er muß die Mobilisierung Deutschlands selbst radikalisieren. Die Zerstörung der ersten deutschen Städte durch die alliierten Luftangriffe wird ihm die Erleuchtung bringen: Wenn alles zerstört ist, in einer Situation größten Mangels, funktionieren die Institutionen weiter; ein soziales System überlebt, es gibt keine Aufstände, keinen Protest von seiten der Betroffenen.

Der Beweis ist offenkundig, der totale Krieg ist möglich.

Speer schlägt Hitler eine extreme Senkung des deutschen Lebensstandards vor, eine drakonische Verschärfung der Arbeitsbedingungen. die der Führer ablehnt. Seine ministerielle Kompetenz überschreitend, schlägt er danach eine neue militärische Strategie vor: es ginge darum, die Grenzen des klassischen Krieges zu überschreiten, um zu einer Art ökologischer Kriegführung vorzustoßen, bei der weniger die Waffen und Armeen als vielmehr die für das Überleben des Feindes unerläßliche Ressourcen zerstört würden. Aber Hitler lehnt erneut ab, und Speer empört sich darüber: „Wiederum war meine Absicht", so schreibt er, „eine totale Kriegswirtschaft einzuführen, am Zögern Hitlers gescheitert." Der Blitzkrieg war Ausdruck der expansionistischen Theorien des Führers, wobei der „Lebensraum" nichts anderes ist als der neu auf Europa angewandte alte koloniale Imperialismus. Hitler hat sich jedoch stets dem verweigert, was er „die innere Kolonialisierung" Deutschlands nennt; er möchte das nationale Territorium als ein natürliches und anthropologisches Reservat gestalten, und es sind gerade diese „idealen" Bedingungen seiner Politik, die der von Speer befürwortete Staat des totalen Krieges in Frage stellte.

Der 18. Februar 1943 ist ein historisches Datum: An ihm wird die offiziell sogenannte Rede „des toralen Krieges“ gehalten. Speer und Goebbels, bei der Ausarbeitung dieser Rede eng miteinander kooperierend, haben sich dazu entschlossen, die Widerstände der Würdenträger der Partei zu überschreiten, die sich, wie der Führer, einer Radikalisierung der Situation entgegenstellen.

In seiner Rede stellt Goebbels – über die Teilnehmer der Versammlung im Berliner Sportpalast – der gesamten deutschen Gesellschaft die Frage: „Soldaten, Arbeiter und Arbeiterinnen, seid ihr und ist das deutsche Volk entschlossen, wenn der Führer es einmal in der Notzeit befehlen sollte, zehn, zwölf, wenn nötig vierzehn und sechzehn Stunden täglich zu arbeiten und das Letzte für den Sieg herzugeben?“ Angesichts des Enthusiasmus fährt er fort: „Die Engländer behaupten, das deutsche Volk wehrt sich gegen die totalen Kriegsmaßnahmen der Regierung. Es will nicht den totalen Krieg, sagen die Engländer, sondern die Kapitulation! Ich frage euch: Wollt ihr den totalen Krieg? Wollt ihr ihn, wenn nötig, totaler und radikaler, als wir ihn uns heute überhaupt erst vorstellen können?“ Nach der tragischen Zustimmung ist das Feld frei, und der Gauleiter schließt: „Nun Volk, steh’ auf – und Sturm brich los!“

Da die Zerstörung eine Form der Produktion geworden ist, dehnt sich der Krieg jetzt nicht mehr nur auf die Dimensionen des Raums, sondern auf die Gesamtheit der Realität aus. Die militärische Auseinandersetzung hat keine Grenzen und folglich kein Ziel. Sie wird nicht mehr enden, und im Jahre 1945 wird die nukleare Situation ihn perpetuieren: Der Staat ist selbstmörderisch geworden.

Für den Minister für „Kriegsproduktion und Bauwesen“ hat das Aufeinandertreffen von Waffe und Gebäude stattgefunden, das „Ruinengesetz“ hat eine neue Bedeutung erhalten, der Baumeister ist zum Zerstörer, der Architekt an der Macht ist zum Architekten der Macht geworden.

Der Höhepunkt seiner Karriere ist erreicht: Albert Speer wird bereits als der Kronprinz angesehen; an Dorsch, der die Organisation Todt leitet, tritt er die Leitung des Bauwesens ab, wobei er aus politischer Vorsicht nur noch die Leitung der Städteplanung für sich behält.

1943 ist in der Tat ein entscheidendes Jahr, da damals viele der moralischen Widerstände von den sich feindlich gegenüberstehenden Lagen überwunden wurden. Die alliierte Luftflotte wendet eine neue Zerstörungstaktik an: die flächendeckende Bombardierung, die nicht mehr auf die Zerstörung genau bestimmter Ziele, sondern auf die ganzer Gebiete abzielt. General Harris, der Kommandeur des „Bomber Command“, hat im übrigen bereits vor dem Krieg diese „gebietsweise Zerstörung an den aufständischen Volksstämmen in Indien, Mesopotamien und Jordanien ausprobiert (nicht nur das Naziregime zeichnet sich durch die Repatriierung kolonialer Methoden aus). Nach der Konferenz von Casablanca erklärt Harris: „Die moralische Frage ist beiseite gelassen worden, und ich wurde damit beauftragt, die allgemeine Zerstörung der deutschen Industrie zu gewährleisten. Dies bietet mir ein sehr großes Handlungsspektrum und ermöglicht es mir, nach meinem Gutdünken alle deutschen Städte mit mehr als hunderttausend Einwohnern anzugreifen.“

Die Vernichtung der Fabriken stellt nicht das eigentliche Ziel dar; Churchill und Harris haben sich entschlossen, die Moral (*sic*) der Zivilbevölkerung ins Visier zu nehmen.

Das über Deutschland ausgebreitete „Spektrum“ besteht aus Tausenden von Bombern, die seinen Luftraum sättigen. Nach der Operation „Gomorrha“, die Hamburg in einem Feuersturm zerstört, ist es die Bombardierung des Ruhrgebietes, die Speer zu würdigen weiß: Der ökologische Krieg, den man ihm verweigert, beginnt nun von den Alliierten geführt zu werden; im übrigen zweifelt er nicht daran, in welchem Ausmaß, denn der zukünftige Verantwortliche für den Abwurf, General Lemay, übt bereits am Himmel über Deutschland.

Von drei Fronten aus angegriffen, von der östlichen, der westlichen und der Luftfront aus, wird sich der Lebensraum der Nazis jetzt verkleinern und zerfallen: sich verkleinern hinsichtlich der Fläche und zerfallen hinsichtlich der Dichte.

Speer gräbt seine Fabriken ein und panzert sie mit Beton. Die Bunker erreichen riesige Ausmaße, die Panzer ein unglaubliches Gewicht.

1944 ist das Jahr des gescheiterten Attentats auf Hitler. Speer wird, da sein Name von den Verschwörern genannt wurde, unfreiwillig in die Ereignisse mit hineingezogen und verdächtigt. Das ist das Ende seines Aufstiegs, und der Posten des stellvertretenden Diktators, dessen Schaffung er vorgeschlagen hatte, entgeht ihm: Hitler ernennt seinen Komparsen Goebbels – der eine wichtige Rolle beim Scheitern der Verschwörung gespielt hat – zum „Generalbevollmächtigten für den totalen Kriegseinsatz“. Speer ist jetzt in Ungnade gefallen; er fürchtet das Schlimmste und denkt einen Moment lang daran, zugleich mit Hitler seine direkten Konkurrenten Goebbels und Bormann im Reichskanzleibunker zu ersticken. In dieser Zeit ist er sehr eng mit einem der Verantwortlichen der Firma Siemens befreundet (im übrigen geschieht es nach einem Gespräch mit ebendiesem Freund, daß er in Betracht zieht, den Führer aus dem Weg zu räumen).

Schließlich nimmt er hiervon Abstand und zögert wieder einmal nicht, sich der neuen Lage anzupassen: Da er den Aufstieg in die höchste Position nicht mehr schaffen kann, wird er sorgfältig die Nachkriegszeit vorbereiten und sich auf die Führer der Industrie stützen, um den deutschen Kapitalismus zu schützen. Die industrielle Dezentralisierung bietet ihm eine erste Möglichkeit. Die Unternehmen, die alles in Bewegung halten, fallen notwendigerweise unter die Aufsicht des Staates; sie besitzen keine andere Alternative: Zerstörung durch Bomben oder Verstaatlichung. Speer macht sich also zum Anwalt des Privateigentums an den Produktionsmitteln und widersetzt sich der Verstaatlichung der deutschen Industrie. Er, der bis dahin nicht müde wurde, Zentralisierung und Planung zu seinen Gunsten zu stärken, gibt nun zu verstehen, daß, wenn der Krieg erst einmal beendet sein wird, den deutschen Kapitalisten die ökonomische Freiheit zurückgegeben werden wird. Er zahlt tatsächlich im Voraus mit dem, was ihm an Kredit noch geblieben ist.

Das deutsche Großbürgertum, das den Fall des Reiches wittert, findet in Speer eine Persönlichkeit mit genügend Einfluß, um das Schlimmste von sich abzuwenden.

Auch die westlichen Demokratien zeigen viel Respekt vor seiner technokratischen Effizienz, und der ehemalige Hoffnungsträger Hitlers spürt, daß die Möglichkeiten eines „nationalen Geschicks“ nach der Niederlage neu entstehen. Er überträgt also, nach der Leitung des Bauwesens, die Verantwortung für die Waffenproduktion an einen seiner Mitarbeiter, um sich vollständig den Problemen des Übergangs zur „Nachkriegs-Industrie“ zu widmen.

Mit dieser Perspektive widersetzt er sich der Taktik der verbrannten Erde. Der Promoter des ökologischen Krieges ist zum Beschützer der industriellen Substanz geworden, und das „ohne ideologische oder nationalistische Vorurteile", wie er erklärt; das wird ihm in Nürnberg das Leben retten.

Aber es ist die Zeit der Agonie Deutschlands, und, wie Speer präzisiert, das Chaos der Weisungen beschränkte das Chaos vor Ort. Was ihn jedoch nicht daran hindert, einen der letzten Sender zu benutzen, um einen Aufruf zur Revolte zu verbreiten und sich dadurch in den Dienst seines Volkes zu stellen.

Das ist der letzte Akt: Die Kapitulation Hitler-Deutschlands erfolgt bedingungslos und vor allem ohne politische Vermittler, das heißt ohne politische Repräsentanz. Am 8. Mai 1945 löst der Staat in Berlin den Staat auf. Zum erstenmal hebt eine Kapitulation nicht nur den Kriegszustand auf, sondern auch die Macht des besiegten Landes. Daß die Macht die Macht auflösen würde, ist eine Neuerung, die Speer nicht vorausgesehen hatte . . . ihm fehlte es wahrlich an Phantasie!

Was aber am Ablauf dieser Periode, die auf das Ende der Feindseligkeiten in Europa folgt, aufschlußreich ist, ist die obszöne Neugierde der Amerikaner hinsichtlich der Wirkung der strategischen Bombardierungen sowie das Einvernehmen, das sich diesbezüglich zwischen den Mitgliedern der Untersuchungskommission der „Economic Warfare" und den Verbrechern des totalen Krieges herstellte; etwa so, als dienten die zusammengebrochenen Städte als Laboratorien, als würde das Überleben einer Sozialordnung in der größten Not und jenseits der üblichen Zwänge ein unschätzbares Untersuchungsfeld für diese bedeutenden Entomologen bilden.

Speer benutzt den Nürnberger Prozeß als Tribüne, um zu zeigen, daß er lediglich ein zwar schuldiges Instrument war, daß aber die technische Weiterentwicklung, und insbesondere die der Kommunikationstechniken, die Katastrophe begünstigt habe. In seinem Schlußwort erklärt er: „Die Diktatur Hitlers war die erste Diktatur eines Industriestaates dieser Zeit moderner Technik, eine Diktatur. die sich zur Beherrschung des eigenen Volkes der technischen Mittel in vollkommener Weise bediente . . . Das verbrecherische Geschehen dieser Jahre war nicht nur eine Folge der Persönlichkeit Hitlers. Das Ausmaß dieser Verbrechen war gleichzeitig darauf zurückzuführen, daß Hitler sich als erster für ihre Vervielfachung der Mittel der Technik bedienen konnte."

Kartographie

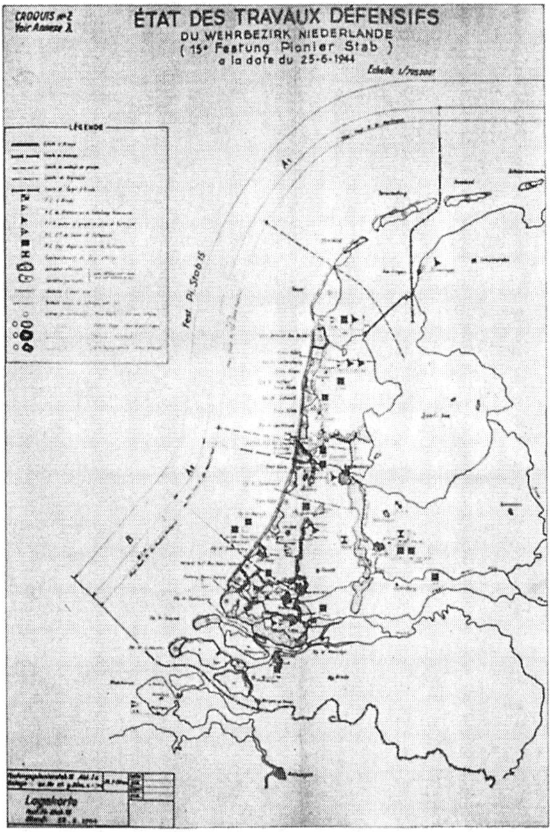

Stand der Arbeiten am Atlantikwall am 25. Juni 1944

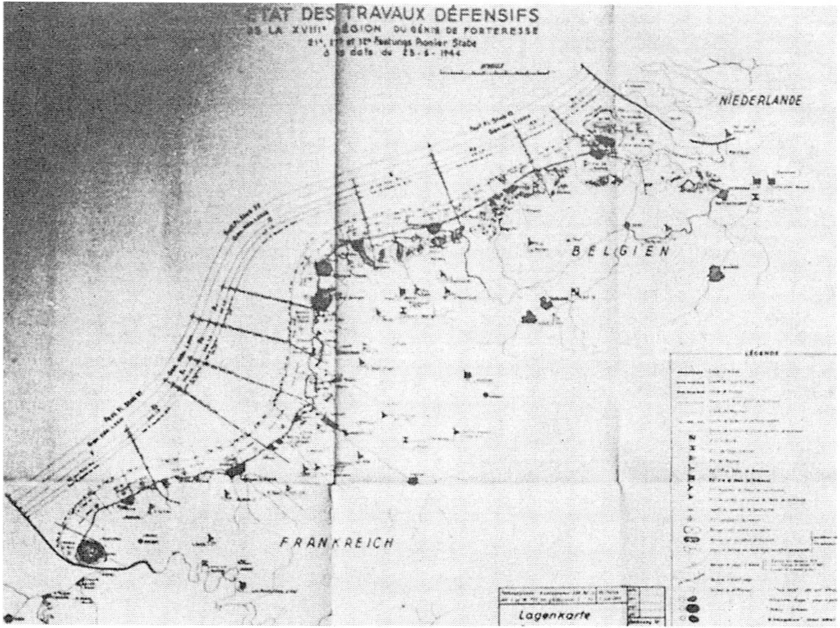

Die Normandie ist auf diesen Plänen, die 20 Tage nach der Landung der Alliierten erstellt wurden, bereits nicht mehr zu sehen.

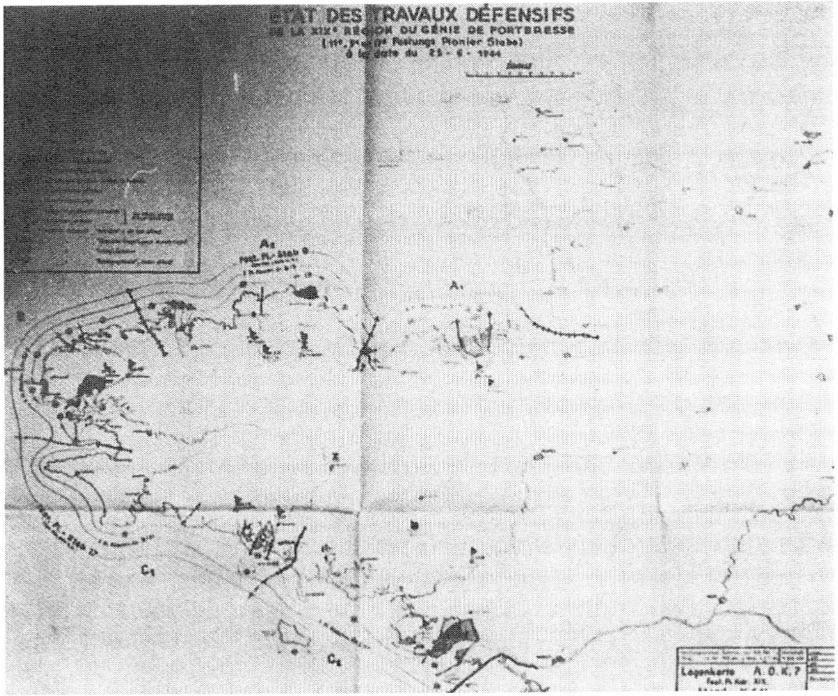
ETAT DES TRAVAUX DÉFENSIFS
DE LA XIX° RÉGION DU GÉNIE DE FORTERESSE
à la date du 25 - 6 - 1944
A₁
A₂
C₁
C₄
Lagenkarte A.O.K. 7

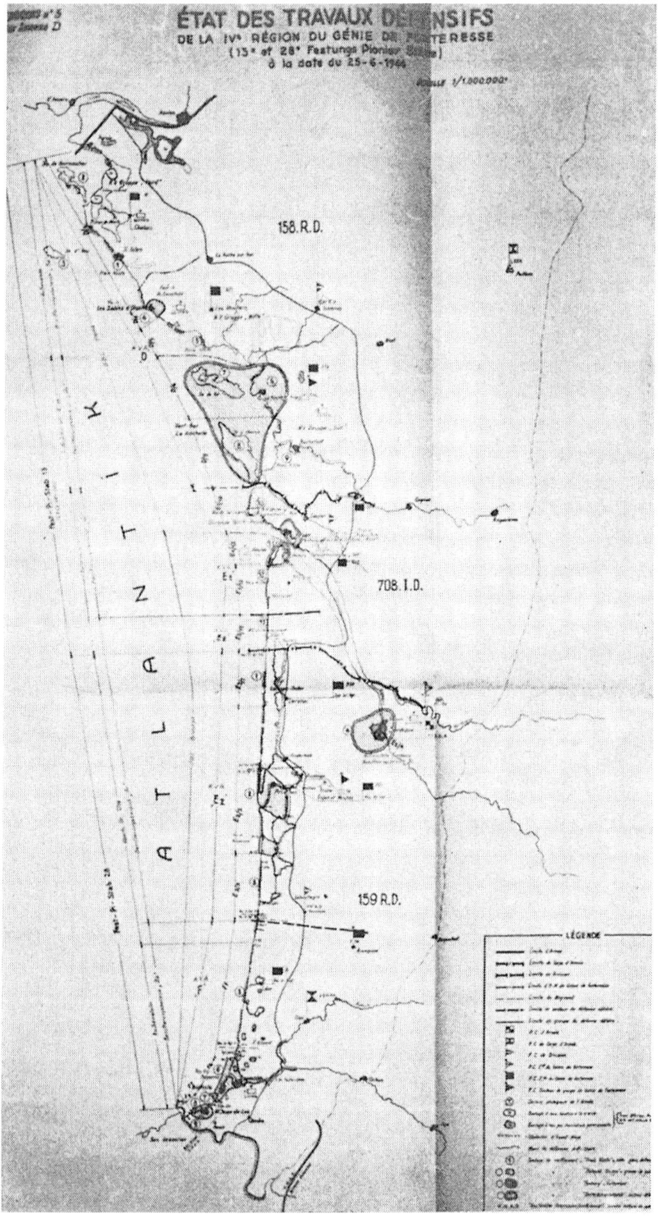

Stand der Arbeiten zur Atlantikseite hin

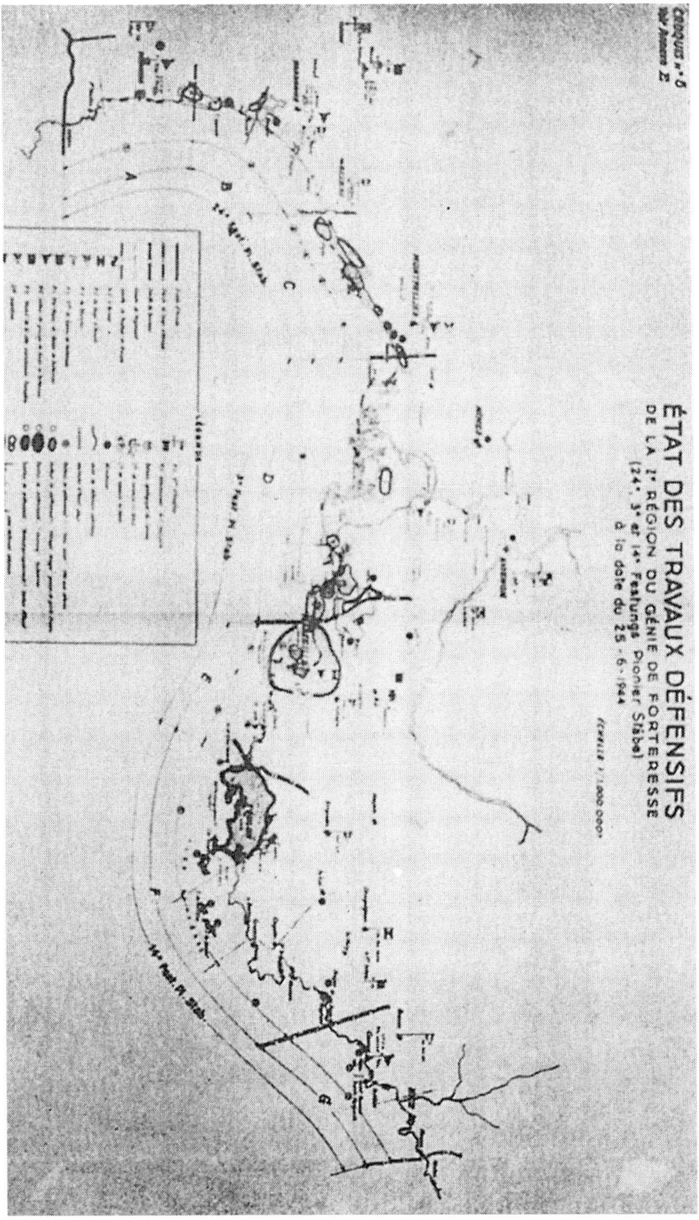

Stand der Arbeiten an der Mittelmeerküste fünfzig Tage vor der Landung in der Provence

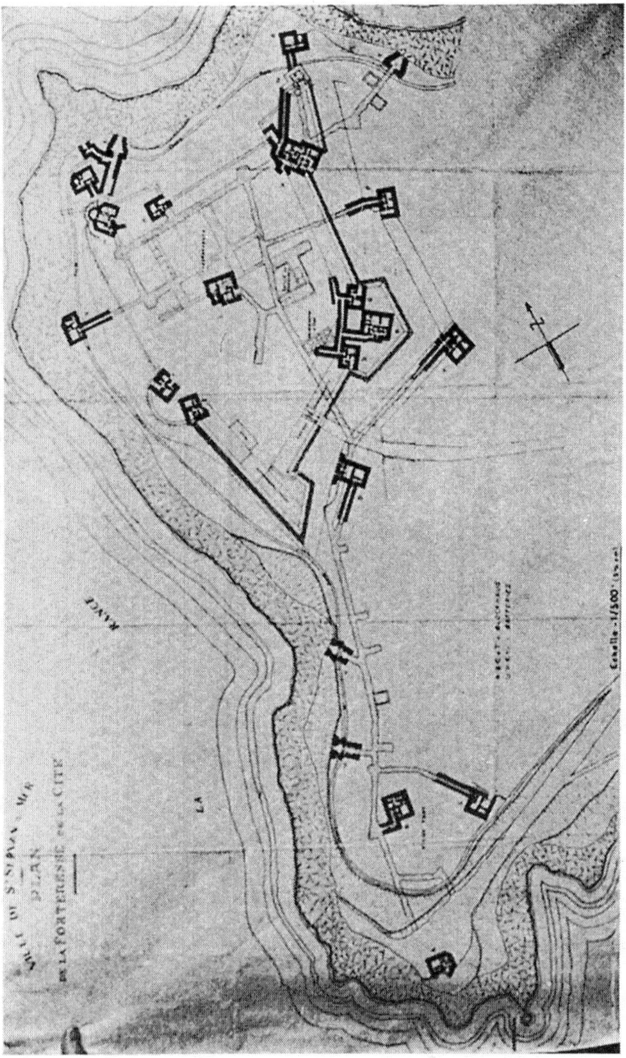

Fort von Cité d'Aleth, einer der wichtigsten unterirdischen Festungsbauten des Atlantikwalls

Chronologie

1929

Erscheinungsjahr von Hitlers *Mein Kampf*.

1930

Bau der Maginot-Linie.

1933

30. Januar: Hitler wird Reichskanzler.
23. März: Verabschiedung des Ermächtigungsgesetzes.
19. Oktober (eigentl. 14. 10.): Austritt Deutschlands aus dem Völkerbund und Beschluß zur Wiederbewaffnung.

1934

27. Mai: Erster „Anschluß"-Versuch Österreichs mit der Ermordung von Dollfuß.
2. August: Tod von Hindenburg; Vereinigung der Ämter des Reichskanzlers und des Reichspräsidenten durch den „Führer und Reichskanzler Adolf Hitler".

1935

Januar: Anschluß des Saargebietes an Deutschland durch Volksabstimmung.

1936

7. Juni: Remilitarisierung des Rheinlandes und Baubeginn am Westwall.

1938

März: „Anschluß“ Österreichs.
29. September: Konferenz in München: Abtretung der sudetendeutschen Gebiete an Deutschland.
Dezember: Ernennung von Fritz Todt zum „Generalbevollmächtigten für die Regelung der Bauwirtschaft“; Gründung der Organisation Todt.

1939

15. März: Einmarsch deutscher Truppen in die Tschechoslowakei und deren Annexion.
28. Mai: Unterzeichnung des „Stahlpaktes“ durch Hitler und Mussolini.
23. August: Deutsch-sowjetischer Nichtangriffspakt.
1. September: Angriff auf Polen.
3. September: Kriegserklärung Frankreichs und Großbritanniens an Deutschland.
27. September: Annexion Polens.
Dezember: Installation der Radaranlagen „Chain-Home“ an den englischen Küsten.

1940

April: Annexion Dänemarks.
10. Mai: Eröffnung der französischen Front.
Juni: Annexion Norwegens.
22. Juni: Waffenstillstand zwischen Frankreich und Deutschland in Compiègne. Teilung Frankreichs in ein besetztes und ein unbesetztes Gebiet. Deutschland besetzt, mit der Okkupation von Frankreichs Norden, einen Küstenstreifen von der Loire bis an die Pyrenäen.

Somit hat sich das Reich mit der Westküste Europas (von Norwegen bis nach Spanien) des für seine Marine notwendigen Zugangs zum Atlantik bemächtigt. An diesem begehrten Küstenabschnitt wird in Zukunft der Atlantikwall errichtet werden müssen.
Juli: Besetzung der anglo-normannischen Inseln. Installation der ersten deutschen Radaranlagen am Pas-de-Calais.
16. Juli: Hitlers Weisung Nr. 16 (siehe Anhang).

Vorbereitung der Operation „Seelöwe". Der „Blitzkrieg" konnte nicht die gesamte englische Armee vernichten, die sich in Dünkirchen einschiffen konnte, ohne verfolgt zu werden, und eine gefährliche Macht bleibt. Hitler wird, wie Cäsar und Napoleon vor ihm, versuchen, Großbritannien zu vernichten, um seinen Sieg auf dem europäischen Festland sicherzustellen. Wie seine Vorgänger wählt er den Pas-de-Calais als Ausgangsbasis. Diese „Flußüberquerung", wie er sie zu nennen beliebt, ist nur unter zwei Bedingung möglich:
• sich die Lufthoheit über England zu sichern;
• die Royal Navy daran zu hindern, im Augenblick der Landung im Ärmelkanal einzugreifen.
August–September: Reichsmarschall Göring muß also, wenn möglich, die Royal Air Force am Boden zerstören.

Trotz einiger anfänglicher Erfolge, die sich der systematischen Bombardierung der Flugfelder verdanken, scheitert das Unternehmen. Deutschland zieht es vor, den Bombenterror auf die Städte wieder aufzunehmen und nicht mit der Zerstörung der Infrastruktur der britischen Luftwaffe fortzufahren. Dies wird, mit der operativen Inbetriebnahme der großen Radaranlagen durch die Engländer, die wesentliche Ursache für diese erste Niederlage in der sogenannten Schlacht um England sein.

Um auf der anderen Seite das Eingreifen der Royal Navy während der Überquerung des Ärmelkanals zu verhindern, beschließt Hitler – der nur dann auf einen Erfolg hoffen kann, wenn er ihr seine wenigen großen Seeschlacht-Einheiten entgegen setzt – die Aufstellung der Batterien mit großer Reichweite auf Schienen in Cap Gris-Nez, die die englischen Küsten unter Trommelfeuer nehmen und es den englischen Panzerschiffen unmöglich machen sollen, in den Kampf einzugreifen, um sich der deutschen Landung entgegenzustellen. Dieses Vorhaben offenbart die Unfähigkeit des Kriegsherrn, in den Dimensionen einer Seeschlacht zu denken. Alle Unzulänglichkeiten, die bald diejenigen des Atlantikwalls sein werden, finden sich hier bereits zusammengefaßt.

Wenn die Franzosen beim Bau der Maginot-Linie die Stärke und die Mobilität der Panzer nicht richtig eingeschätzt haben, dann haben sich die Deutschen ebenfalls vom Beginn der Feindseligkeiten an über die Möglichkeiten der Küstenbefestigungen angesichts der Stärke der Seestreitkräfte, oder eher: Luft- und Seestreitkräfte getäuscht.

Die großen Kanonen auf Schienen werden von Betontunneln geschützt; auf diese Art und Weise erscheinen mit der Operation „Seelöwe“ die ersten Bunker der Anlage,

die später zum Atlantikwall werden wird. Hitler überträgt Fritz Todt, dem Verantwortlichen für das Bauwesen in den besetzten Gebieten (für einen Vierjahresplan), die Aufgabe, eine aus ihren Arsenalen abgezogene Schiffsartillerie, die der Kriegsherr am Boden aufzustellen sich entscheidet, in Bunker zu integrieren: es wird sich um die Batterien Lindemann, Siegfried, die später Todt gewidmet werden, sowie die Batterien Friedrich August, Großer Kurfürst. . . handeln.
27. September: Dreierpakt zwischen Deutschland, Italien und Japan.
Oktober: Nach der Niederlage in der Schlacht um England werden die Deutschen den Versuch machen, einen Zermürbungskrieg zu führen. Die Luftwaffe intensiviert die Bombardierungen Londons und der großen Städte Englands, die U-Boote der Kriegsmarine versuchen durch den Angriff von Geleitzügen eine Blockade um die britischen Inseln zu errichten und versenken eine ungeheuer große Tonnage von Handelsschiffen. Um diese Blockade aber erfolgreich zu gestalten, bedürfte es der Beherrschung der Meere; U-Boote allein sind nicht dazu in der Lage, eine solche Aufgabe zu übernehmen, und schließlich gelingt es der englischen Flotte, ihre Geleitzüge effektiv zu schützen.

Da die U-Boote während ihrer Versorgung auf offener See und zu Beginn ihrer Feindfahrten verwundbar sind, beschließen die Deutschen den Bau von U-Boot-Bunkern. In Brest, Lorient, Saint-Nazaire, La Pallice und Bordeaux wird man dann die größten Betonbauten der gesamten Atlantikküste errichten. Diese Bauwerke nehmen in der Tat die Merkmale der ersten U-Boot-Basen des Ersten Weltkrieges (Helgoland, Brügge) zusammen mit den von den Luftabwehranlagen her bekannten verstärkten Deckenstrukturen wieder auf.

1941

Januar: Fritz Todt wird „Generalinspekteur für Wasser und Energie". Die Organisation, die seinen Namen trägt (O. T.) und bereits paramilitärischen Charakter besitzt, wird daraufhin vollkommen unabhängig von der Wehrmacht: Sie besitzt ihre eigene Uniform, ihre eigene Polizei und ist nur dem Führer gegenüber rechenschaftspflichtig. Die Organisation Todt leitet jede Baustelle in Europa, die nur irgendwie von strategischem Interesse ist: Schutz der Städte und der Industrie, Verkehrswege, Bauwerke zur Erzeugung von Elektrizität durch Wasserkraft, verschiedene Befestigungen. Durch ihre regionalen Vertretungen und unter der Mitwirkung von Privatunternehmen bildet sie eine echte Technostruktur, die für die Gestaltung der „Festung Europa" verantwortlich ist und Tausende von Arbeitern beschäftigt: Freiwillige, Arbeiter des Arbeitsdienstes, Kriegsgefangene und Deportierte.
Mai: Die Operation „Seelöwe" wird aufgegeben, und die Bunker, die eine Vorstellung vom Atlantikwall geben, die Batterien von Cap Gris-Nez oder die U-Boot-Basen, sind nichts anderes mehr als die Überreste dieser gescheiterten Offensive. Allein die anglo-normannischen Inseln, die ursprünglich als defensives Reduit hergerichtet waren, erscheinen schon als Modelle der zukünftigen Zitadelle Europa.
21. Juni: Hitler greift die Sowjetunion an; das Unternehmen „Barbarossa", die Umwandlung der Westfront in die Ostfront, beginnt. Man bleibt an der Küste stehen, um zur Offensive in den großen Ebenen des Ostens überzugehen, um die „Ostkolonisierung" durchzuführen, die so sehr viel germanischer (teutonischer) ist als ein Seeangriff. Dieser Feldzug, den Hitler-Deutschland in sechs Wochen

beenden möchte, soll ihm die Kornkammern der Ukraine, die (für den Bewegungskrieg notwendigen) Ölquellen des Kaukasus, den Mittleren Osten, Asien. . . öffnen.

19. Juli: Die Weisung Nr. 33, die sich im wesentlichen der Ostfront widmet, zieht dennoch zum erstenmal eine gewisse Vorbereitung auf den Verteidigungsfall an den Küsten im Westen, insbesondere an denen Norwegens und der anglo-normannischen Inseln, in Betracht. Zu dieser Zeit sind die Batterien von Cap Gris-Nez noch nicht fertiggestellt, aber sie können schießen. Hitler beschließt die Errichtung vergleichbarer Batterien auf den anglo-normannischen Inseln, mit dem Ziel, die Schifffahrt durch die Eröffnung des Kampfes gegen die britischen Bodeneinheiten (die Batterie „Mirus" beispielsweise) zu unterbinden.

6. Dezember: An der russischen Front ist der „Blitzfeldzug" zum Stillstand gekommen, zuerst durch die gegnerische Armee, aber auch durch den „General Winter", und die Front hat sich im November stabilisiert. Schukow hat den Gegenangriff eingeleitet und Moskau gerettet.

7. Dezember: Die Japaner greifen Pearl Harbor an, und dieser im Dreierpakt von 1940 nicht vorgesehene Angriff führt die Vereinigten Staaten dazu, ihren Isolationismus aufzugeben.

11. Dezember: Obwohl der Dreierpakt ihn nicht dazu verpflichtet, erklärt Hitler den Vereinigten Staaten den Krieg. So wie er die russischen Mittel unterschätzt hat, unterschätzt er die amerikanische Wirtschaftskraft.

14. Dezember: Hitler spricht zum erstenmal vom „Atlantikwall", einem Schutzwall, der nach seinem Willen unüberwindlich sein und die Festung Europa vor jeder Invasion aus dem Westen schützen soll. Wenn England allein tatsächlich keine Landung auf dem Festland unternehmen konnte, so ist dagegen mit seinem amerikanischen Alliierten alles möglich.

Die U-Boot-Basen sind fertiggestellt, und die Häfen, die sie verbergen, werden alle zu „Festungen“ erklärt und folglich befestigt. Die Batterien des Pas-de-Calais sind gleichfalls fertiggestellt, und diese beiden Arten befestigter Räume werden, im Zusammenspiel mit ihrer jeweiligen Umgebung, die starken Punkte des Atlantikwalls bilden, sie werden die „Türme“ sein, die die Linie der Mauer in großen Abständen markieren, im vorliegenden Fall die ununterbrochene Folge von Stützpunkten, die sich von Strand zu Strand erstrecken. Die anglo-normannischen Inseln bilden eine vorgeschobene Bastion vor der Küste von Cotenin.

Die Rangfolge der Festungsanlagen sieht wie folgt aus:

- Cap Gris-Nez (diese Festungsanlage wird bis zum „Tag J“ oberste Priorität besitzen).
- Norwegen.
- Die Häfen zwischen Brest und der Gironde (an den Küsten, die sich für Landungsunternehmen eignen).
- Die anglo-normannischen Inseln.
- Die Küsten zwischen der Seine und dem Pas-de-Calais.
- Die normannischen Küsten und die Seine-Bucht.

Die Deutschen vermuten, daß diese letzte Zone in dem Maße der Errichtung eines rundlichen Brückenkopfes große Schwierigkeiten bereitet, in dem ihnen der Besitz eines großen Hafens hierfür unentbehrlich erscheint und der Bau eines vorgefertigten Hafens unwahrscheinlich.

1942

8. Februar: Fritz Todt kommt bei einem Flugzeugabsturz ums Leben. Sein Tod bleibt mysteriös: Unfall oder Mord?

Zwischen Hitler und Todt war es zu Unstimmigkeiten bezüglich der Kriegführung an zwei Fronten gekommen.

Albert Speer tritt die Nachfolge von Todt an, aber er kümmert sich eigentlich ausschließlich um die Kriegswirtschaft, wobei er Xavier Dorsch die Führung der Organisation Todt überläßt.

28. Februar: Operation gegen die deutschen Radaranlagen in Bruneval, erster Angriff der Alliierten auf die Festland-Küste.

23. März: Hitlers Weisung Nr. 40 (siehe Anhang).

Sie markiert die offizielle Geburt des Atlantikwalls, der dazu bestimmt ist, die Integrität des europäischen Territoriums zu verteidigen. Die Verantwortlichkeiten der Kommandogewalt sind wie folgt verteilt: Alles, was auf dem Meer passiert, untersteht der Verantwortlichkeit der Kriegsmarine, und die Wehrmacht greift nur dann ein, wenn der Feind bereits gelandet ist.

Die deutsche Kriegsmarine wird also die europäische Küste als Flanken eines Schiffes betrachten und Kanonenbatterien auf den Kaps installieren, um auf alle Seeziele „Jagd zu machen". Die Anordnung von Ausrüstungsgegenständen der Marine aber würde zu teure schwenkbare Stahlkuppeln notwendig machen. Die Einbunkerung der Batterien wird es unmöglich machen, die Bewegung der Schiffe effektiv zu verfolgen und die Landartillerie zu unterstützen, wenn der Feind seinen Fuß auf die Strände gesetzt haben wird. Man kann sich die Schwierigkeit bei der Koordination der Schießpläne der beiden Waffensysteme tatsächlich ausmalen. Diese Schwierigkeiten werden bereits zu Beginn der Bauarbeiten an den Bunkern offensichtlich.

28. März: Operation „Chariot" gegen den Hafen von Saint-Nazaire. Die Schleuse des Trockendocks am Fuß der U-Boot-Basis wird zerstört.

Mai: Beginn der Bauarbeiten am Atlantikwall.

Xavier Dorsch legt Hitler die Bunkerpläne für die Geheimwaffen vor: Gesteuerte Bomben, Raketen, Spezialkanonen und so weiter. In genau dem Augenblick, in dem die offensive Periode beendet ist und die rein defensive Phase der Festung Europa beginnt, bereiten die Deutschen bereits die „prospektive" Periode vor.

18. August: Operation „Jubilée", erster Landungsversuch in Dieppe.

3. November: Erste Niederlage von Rommels Afrikakorps.

7. November: Alliierte Operation gegen die „Angriffsschiffe" in der Gironde.

19. November: Gegenoffensive Schukows in Stalingrad.

Dezember: Beginn der Bauarbeiten an den vier „Zyklopen" im Norden Frankreichs. Von diesen Bunkern aus sollten die ersten Stratosphärenraketen abgeschossen werden:

• Watten: Montage und Abschüsse von V 2.

• Wizernes: Montage und Abschüsse von V 2 sowie der zukünftigen mehrstufigen Raketen, die New York erreichen sollen.

• Prédefin: Tracking-Radaranlage, die es ermöglicht, die erste Flugphase zu überwachen.

• Siracourt: Basis für die Funksteuerung.

Diese riesigen Bunker, durch ihre Masse den Elementen der U-Boot-Basen vergleichbar, sind alle auf einer Nord-Süd-Achse von 50 Kilometern Länge, hinter den Atlantikwall zurückversetzt, angeordnet. Schließlich wird keine Rakete von diesen Abschuß-Stellungen abgeschossen werden; und die V 2 werden alle von mobilen Rampen aus abgeschossen.

Im Verlauf dieses Zeitabschnitts wird der elektronische Krieg noch perfektioniert; die Deutschen installieren die „Kammhuber-Linie", die dazu dient, die Nachtjagdgeschwader gegen die alliierten Bomberangriffe über Funk zu steuern.

1943

14.-24. Januar: Konferenz von Casablanca. Roosevelt fordert die bedingungslose Kapitulation Deutschlands.
31. Januar: Niederlage von Stalingrad; Beginn des Rückzugs an der Ostfront.
18. Februar: Rede von Goebbels im Sportpalast Berlin. Er ruft den totalen Krieg aus.
Mai: Nach der Niederlage des Afrikakorps zieht sich die Wehrmacht von den Kriegsschauplätzen in Afrika zurück.
Juli-September: Deutschland verliert seinen Verbündeten Italien und muß allein die Verteidigung der Südfront sicherstellen. In Frankreich errichten die Deutschen am Mittelmeer eilends einen Wall, der dem Atlantikwall gleicht; er wird Südwall genannt.
17. August: Bombardierung von Peenemünde, dem Geburtsort der Raumfahrtwaffen. Dieses Bombardement wird erhebliche Verzögerungen beim prospektiven Krieg verursachen, den Hitler fortan zu führen wünscht.
1. Oktober: Ablenkungskommando in Boulogne-sur-Mer.
3. November: Hitlers Weisung Nr. 51 (siehe Anhang).

Diese Weisung bestätigt die vorausgegangenen Verfügungen und bekräftigt ein letztes Mal den strategischen Primat des Pas-de-Calais.

1944

Januar: Hitler ernennt Marschall Rommel zum Inspekteur der Festungsanlagen, um den Abschluß der Arbeiten am Atlantikwall zu überwachen. In seinem ersten Bericht stellt der Marschall fest, daß die französische Küste im Grunde nichts anderes als ein großes Ferienlager sei. . .

Zum Befehlshaber des Gebietes ernannt, das sich von den Niederlanden bis zur Loire erstreckt, versucht er, mit Unterstützung von Admiral Ruge, den Einsatz der verschiedenen in Stellung befindlichen Waffengattungen zu koordinieren. Durch koordiniertes Feuern aller Waffentypen hofft er, die Strände selbst verteidigen zu können. Es gelingt ihm aber nicht, das deutsche Oberkommando von der Notwendigkeit des massiven Einsatzes von Panzern und Luftwaffe in den ersten Minuten des Landungsmanövers zu überzeugen; die Theorie eines von Rundstedt setzt sich durch, die empfiehlt, den Feind erst an Land kommen zu lassen, um ihn dann auf das Meer zurückzuwerfen.

6. Juni: Landung der Alliierten in der Normandie.

Die Luftüberlegenheit der Alliierten unterbindet jede Bewegung der deutschen Streitkräfte in Richtung Front. Der Atlantikwall erweist sich an dieser Stelle der Küste als ein leicht zu überwindendes Hindernis, und die großen Schwierigkeiten, auf die die Amerikaner in Omaha Beach stoßen, ergeben sich aus der Topographie dieses Ortes, ebenso wie sich das Scheitern des Baus eines zweiten künstlichen Hafens aus den außerordentlich ungünstigen Witterungsbedingungen erklärt.

12.-13. Juni: Abschuß der ersten V 1 von einer Basis im Norden von Boulogne.

8. September: Abschuß der ersten V 2 von einer in der Nähe von Den Haag gelegenen mobilen Rampe aus. Die prospektive Phase der Schlacht um die Festung Europa beginnt.

Anhang

Hitlers Kriegsweisungen[2]

Der Führer und Oberste Befehlshaber
der Wehrmacht

OKW/WFA/L Nr. 33 160/40 g. Kdos. Chefsache

F.H.Q., den 16.7.1940.

Geheime Kommandosache!
Chefsache – Nur durch Offizier!

7 Ausfertigungen
2. Ausfertigung.

Weisung Nr. 16
über die Vorbereitungen einer Landungsoperation
gegen England.

Da England, trotz seiner militärisch aussichtslosen Lage, noch keine Anzeichen einer Verständigungsbereitschaft zu erkennen gibt, habe ich mich entschlossen, eine Landungsoperation gegen England vorzubereiten und wenn nötig, durchzuführen.

Zweck dieser Operation ist es, das englische Mutterland als Basis für die Fortführung des Krieges gegen Deutschland auszuschalten, und wenn es erforderlich werden sollte, in vollem Umfang zu besetzen.

Hierzu befehle ich folgendes:

1) Die Landung muß sich in Form eines überraschenden Überganges in breiter Front etwa von Ramsgate bis in die Gegend westlich der Insel Wight vollziehen, wobei Teilen der Luftwaffe die Rolle der Artillerie, Teilen der Kriegsmarine die Rolle der Pioniere zufallen wird. Ob es zweckmäßig ist, vor dem allgemeinen Übergang Teilaktionen, etwa zur Besetzung der Insel Wight oder der Grafschaft Cornwall zu unternehmen, ist vom Standpunkt jedes Wehrmachtteils aus zu prüfen, und das Ergebnis mir zu melden. Die Entscheidung behalte ich mir vor.
   Die Vorbereitungen für die Gesamtoperation müssen bis Mitte August abgeschlossen sein.

2) Zu diesen Vorbereitungen gehört auch, daß diejenigen Voraussetzungen geschaffen werden, die eine Landung in England möglich machen:
   a) Die englische Luftwaffe muß moralisch und tatsächlich so weit niedergekämpft sein, daß sie keine nennenswerte Angriffskraft dem deutschen Übergang gegenüber mehr zeigt.
   b) Es müssen minenfreie Wege geschaffen sein.
   c) Durch eine dichte Minensperre muß die Straße von Dover in beiden Flanken sowie der Westeingang des Kanals etwa in der Linie Alderney–Portland abgesperrt sein.

d) Durch starke Küstenartillerie muß das Küstenvorfeld beherrscht und artilleristisch abgeschirmt sein.
e) Die Fesselung der englischen Seestreitkräfte kurz vor dem Übergang sowohl in der Nordsee als auch im Mittelmeer (durch die Italiener) ist erwünscht, wobei schon jetzt versucht werden muß, den englischen Seestreitkräften, die sich im Mutterland befinden, durch Luft- und Torpedoangriffe nach Kräften Abbruch zu tun.

3) Organisation der Führung und der Vorbereitungen.
Unter meinem Befehl und nach meinen allgemeinen Weisungen führen die Herren Oberbefehlshaber die von ihren Wehrmachtteilen anzusetzenden Kräfte.
Die Führungsstäbe des Ob. d. H., Ob. d. M. und Ob. d. L. Müssen sich vom 1. 8. an in einem Umkreis von höchstens 50 km von meinem Hauptquartier (Ziegenberg) befinden.
Zweckmäßig erscheint mir die gemeinsame Unterbringung der engeren Führungsstäbe des Ob. d. H. und des Ob. d. M. in Gießen.
Der Ob. d. H. wird daher zur Führung der Landungsarmeen eine Heeresgruppe einschalten müssen.
Das Unternehmen führt den Decknamen „Seelöwe".
Bei der Vorbereitung und der Ausführung des Unternehmens fallen den Wehrmachtteilen folgende Aufgaben zu;

a) Heer:
stellt den Operationsplan und den Übersetzplan zunächst für alle zu verschiffenden Verbände 1. Welle auf. Die mit der 1. Welle überzusetzende Flak-Artillerie wird dabei so lange dem Heer (den einzelnen Übersetz-

gruppen) unterstellt, bis sich eine Teilung der Aufgaben in Unterstützung und Schutz der Erdtruppe, Schutz der Ausschiffungshäfen und Schutz der zu besetzenden Luftstützpunkte durchführen läßt.
Das Heer verteilt ferner die Übersetzmittel auf die einzelnen Übersetzgruppen und legt die Einschiffungs- und Landungsstellen im Einvernehmen mit der Kriegsmarine fest.
b) Kriegsmarine:
stellt die Übersetzungsmittel sicher und führt sie entsprechend den Wünschen des Heeres nach den seemännischen Gesichtspunkten in die einzelnen Einschiffungsräume zu. Soweit als möglich ist auf Schiffe der niedergeworfenen feindlichen Staaten zurückzugreifen.
Sie stellt jeder Übersetzstelle den zur seemännischen Beratung nötigen Marinestab mit Begleitschiffen und Sicherungsstreitkräften. Sie schützt, neben den zur Überwachung eingesetzten Luftstreitkräften, den gesamten Kanalübergang in den beiden Flanken. Über die Regelung der Befehlsverhältnisse während des Übersetzens folgt Befehl. Es ist ferner Aufgabe der Kriegsmarine, den Aufbau der Küstenartillerie, d. h. aller für die Bekämpfung von Seezielen in Betracht kommenden Batterien sowohl des Heeres wie der Kriegsmarine einheitlich anzuordnen und die Feuerleitung im Großen zu organisieren. Eine möglichst große Zahl schwerster Artillerie ist zur Sicherung des Überganges und der Abschirmung der Flanken gegen feindliche Einwirkung von See her so schnell als möglich einzusetzen. Hierzu ist auch die Eisenbahnartillerie (ergänzt durch alle verfügbaren Beutegeschütze) ohne die nur zur Bekämpfung von

Zielen auf dem englischen Festland vorgesehenen Batterien (K 5 und K 12) heranzuziehen und unter Benutzung von Eisenbahndrehscheiben einzubauen. Unabhängig hiervon sind die verfügbaren schwersten Bettungsbatterien gegenüber der Straße von Dover so unter Beton einzubauen, daß sie auch schwersten Luftangriffen widerstehen können und damit die Straße von Dover unter allen Umständen auf die Dauer, innerhalb ihrer Wirkungsmöglichkeit, beherrschen. Die technischen Arbeiten obliegen der Organisation Todt.

c) Aufgabe der Luftwaffe ist es:

das Eingreifen der feindlichen Luftwaffe zu verhindern. Küstenbefestigungen, die gegen die Landungsstellen wirken können, niederzukämpfen, den ersten Widerstand feindlicher Erdtruppen zu brechen und im Anmarsch befindliche Reserven zu zerschlagen. Für diese Aufgabe ist engste Zusammenarbeit einzelner Verbände der Luftwaffe mit den Übersetzgruppen des Heeres nötig.

Ferner: wichtige Transportstraßen zum Heranführen feindlicher Reserven zu zerstören, und feindliche Seestreitkräfte, die sich im Anmarsch befinden, schon weit ab von den Übersetzstellen anzugreifen.

Über die Verwendung von Fallschirm- und Luftlandetruppen ersuche ich, mir Vorschläge zu machen. Dabei ist in Verbindung mit dem Heer zu prüfen, ob es hier zweckmäßig ist, Fallschirm- und Luftlandetruppen als eine im Notfall rasch einzusetzende Reserve vorerst zur Verfügung zu halten.

4) Die notwendigen Vorbereitungen für die Nachrichtenverbindungen von Frankreich nach dem englischen Festland trifft der Wehrmacht-Nachrichtenchef.
Der Einbau der restlichen 80 km Ostpreußen-Kabel ist in Verbindung mit der Kriegsmarine vorzusehen.

5) Die Herren Oberbefehlshaber ersuche ich, mir sobald als möglich vorzulegen:
a) die Absichten der Kriegsmarine und der Luftwaffe, um die Voraussetzungen für den Kanalübergang zu schaffen (siehe Ziffer 2),
b) den Aufbau der Küstenbatterien im einzelnen (Kriegsmarine),
c) einen Überblick über den einzusetzenden Schiffsraum und die Methode der Bereitstellung und Herrichtung. Beteiligung ziviler Stellen? (Kriegsmarine),
d) die Organisation des Luftschutzes in den Bereitstellungsräumen der Übersetztruppen und der Übersetzmittel (Luftwaffe),
e) den Übersetz- und Operationsplan des Heeres, Gliederung und Ausrüstung der 1. Übersetzwelle,
f) Organisation und Maßnahmen der Kriegsmarine und der Luftwaffe für die Durchführung des Überganges selbst, seine Sicherung und die Unterstützung der Landung,
g) Vorschläge für den Einsatz der Fallschirm- und Luftlandetruppen, sowie für die Unterstellung und Führung der Flak-Artillerie, nachdem ein ausreichender Raumgewinn auf englischem Boden erzielt ist (Luftwaffe),
h) Vorschlag für die Plätze der Führungsstäbe des Ob. d. H. und Ob. d. M.,
i) eine Stellungnahme von Heer, Kriegsmarine und

Luftwaffe, ob und welche Teilaktionen vor der allgemeinen Landung für zweckmäßig gehalten werden,
k) Vorschlag von Heer und Kriegsmarine über die Befehlsführung während des Übersetzens.

(gez.) Adolf Hitler

Der Führer und Oberste Befehlshaber
der Wehrmacht

OKW/WFSt/Op. Nr.: 001031/42 g. Kdos

F.H.Qu., den 23.3.1942

Geheime Kommandosache

25 Ausfertigungen
4. Ausfertigung

Weisung Nr. 40
Betr.: Befehlsbefugnisse an den Küsten

I.) Grundlagen:

Die europäischen Küsten sind in der kommenden Zeit der Gefahr feindlicher Landungen in stärkstem Maße ausgesetzt.
Der Feind wird hierbei Zeitpunkt und Ort seiner Landeunternehmungen nicht allein von operativen Gesichtspunkten abhängig machen. Mißerfolge auf anderen Kriegsschauplätzen, Verpflichtungen gegenüber den Verbündeten und politische Erwägungen können ihn zu Entschlüssen verleiten, die nach rein militärischer Beurteilung unwahrscheinlich sind.
Auch feindliche Landeunternehmungen mit begrenzten Zielen stören, sofern sie überhaupt zu einem Festsetzen des Gegners an der Küste führen, in jedem Fall unsere eigenen Absichten empfindlich. Sie unterbrechen den eigenen See-Verkehr unter der Küste und binden starke Kräfte des Heeres und der Luftwaffe, die

damit dem Einsatz an entscheidender Stelle entzogen werden. Besondere Gefahren entstehen, wenn es dem Feind gelingt, auf eigenen Flugplätzen einzufallen oder sich in dem von ihm gewonnenen Gebiet Flugbasen zu schaffen.

Die vielfach an der Küste oder küstennah gelegenen militärisch oder wehrwirtschaftlich wichtigen Anlagen, die z. T. mit besonders wertvollem Gerät ausgestattet sind, bieten außerdem Anreiz zu überfallartigen örtlichen Unternehmungen.

Besonders zu beachten sind die englischen Vorbereitungen für Landeunternehmungen an freier Küste, für die zahlreiche gepanzerte Landungsboote, eingerichtet für Kampfwagen und schwere Waffen, zur Verfügung stehen. Auch mit Fallschirm- und Luftlandeunternehmungen in größerem Ausmaß muß gerechnet werden.

II.) Allgemeine Kampfanweisung für die Küstenverteidigung:

1.) Die Verteidigung der Küsten ist eine Wehrmachtaufgabe, die ein besonders enges, lückenloses Zusammenwirken der Wehrmachtteile erfordert.

2.) Vorbereitungen, Bereitstellung und Anmarsch des Gegners für ein Landungsunternehmen rechtzeitig zu erkennen, muß das Bestreben des Nachrichtendienstes sowie der laufenden Aufklärung von Kriegsmarine und Luftwaffe sein.

Gegen Einschiffung oder Transportflotten sind dann alle geeigneten Kräfte zur See und in der Luft mit dem Ziel zusammenzufassen, den Feind möglichst weit ab von der Küste zu vernichten.

Da aber eine geschickte Verschleierung und die Ausnützung unsichtigen Wetters dem Gegner die Möglichkeit zu völlig überraschenden Angriffen gibt, müssen alle Truppen, die solchen überraschenden Aktionen ausgesetzt sein können, stets im Zustand voller Abwehrbereitschaft sein.
Das erfahrungsgemäß im Laufe der Zeit immer größer werdende Nachlassen der Aufmerksamkeit der Truppe zu verhindern, ist eine der wichtigsten Aufgaben der Führung.

3.) Im Kampf um die Küste – hierzu zählt auch das Küstenvorfeld im Bereich der mittleren Küsten-Artillerie – muß in Auswertung der Kampferfahrungen der jüngsten Zeit die Verantwortung für die Vorbereitung und Durchführung der Verteidigung eindeutig und ohne Einschränkung in einer Hand vereinigt werden. Der verantwortliche Befehlshaber hat hierzu alle verfügbaren Kampfkräfte und -mittel der Wehrmachtteile, der Gliederungen und Verbände außerhalb der Wehrmacht und der eingesetzten deutschen zivilen Dienststellen zur Vernichtung der Transportmittel des Feindes und seiner Landungstruppen so einzusetzen, daß der Angriff wenn möglich vor, spätestens aber nach dem Erreichen der Küste zusammenbricht.
Gelandeter Feind muß in sofortigem Gegenangriff vernichtet oder in die See geworfen werden. Alle Waffenträger – gleichgültig, welchem Wehrmachtteil oder welchen Verbänden außerhalb der Wehrmacht sie angehören, sind hierzu einheitlich anzusetzen. Dabei müssen die erforderliche Arbeitsfähigkeit der an Land befindlichen Versorgungsbetriebe der Seestreitkräfte sowie die Einsatzbereitschaft der Fliegerbodenorganisa-

tion und der Flakschutz der Flugplätze, soweit sie nicht ohnehin durch die Kampfhandlungen auf der Erde in Mitleidenschaft gezogen sind, gewährleistet bleiben.
Keine Befehlsstelle und kein Verband dürfen in einer solchen Lage eine Rückwärtsbewegung antreten. Wo deutsche Männer an oder in der Nähe der Küste eingesetzt sind, müssen sie bewaffnet und für den Kampf ausgebildet sein.
Sofern Inseln in der Hand des Feindes eine Gefahr für das Festland oder für die Küstenschiffahrt bedeuten, muß verhindert werden, daß sich der Feind auf ihnen festsetzt.

4.) Kräftegliederung und Befestigungsausbau sind so vorzunehmen, daß der Schwerpunkt der Verteidigung an den Küstenabschnitten liegt, die in erster Linie als Landeplätze des Feindes in Frage kommen (Befestigte Räume).
Die übrigen Küstenabschnitte, soweit sie durch Handstreich auch kleinerer Abteilungen gefährdet sind, müssen – möglichst in Anlehnung an die Küstenbatterien – stützpunktartig gesichert werden.
In diese stützpunktartige Sicherung sind alle militärisch und wehrwirtschaftlich wichtigen Anlagen einzubeziehen.
Die gleichen Grundsätze gelten für die vorgelagerten Inseln. Weniger gefährdete Küstenabschnitte sind zu überwachen.

5.) Die Abschnittseinteilung an der Küste ist für die Wehrmachtteile in Übereinstimmung zu bringen, gegebenenfalls durch bindende Entscheidung des nach III.) 1.) verantwortlichen Befehlshabers.

6.) Die befestigten Räume und Stützpunkte müssen durch Kräftebemessung, Ausbau (Rundumverteidigung) und Bevorratung in der Lage sein, sich längere Zeit auch gegenüber überlegenem Gegner zu halten.
Befestigte Räume und Stützpunkte sind bis zum äußersten zu verteidigen, Niemals dürfen sie aus Mangel an Munition, Verpflegung oder Wasser zur Übergabe gezwungen werden können.

7.) Der nach III.) 1.) verantwortliche Befehlshaber erläßt die Anordnungen für die Küstenüberwachung und stellt sicher, daß die Aufklärungsergebnisse aller Wehrmachtteile schnell ausgewertet, zusammengefaßt und den berufenen Kommandobehörden und zivilen Dienststellen übermittelt werden.
Sobald Anzeichen für eine bevorstehende feindliche Operation vorliegen, ist er berechtigt, die notwendigen Richtlinien für eine einheitliche und sich ergänzende Aufklärung zur See und in der Luft zu geben.

8.) Für die in Küstennähe eingesetzten Stäbe und Verbände der Wehrmacht, sowie für alle Gliederungen und Verbände außerhalb der Wehrmacht gelten keine Friedensrücksichten. Ihre Unterkunft, ihre Sicherungsmaßnahmen, ihre Ausrüstung, ihre Alarmbereitschaft und die Ausnützung des Landes werden allein durch Notwendigkeit bestimmt, jedem feindlichen Überfall so rasch und so stark als möglich entgegentreten zu können. Wo es die militärische Lage erfordert, ist die Bevölkerung schon jetzt zu evakuieren.

III.) Befehlsbefugnisse:

1.) Für die Vorbereitung und Durchführung der Verteidigung der Küsten, die sich im deutschen Befehlsbereich befinden, sind verantwortlich:
a) im Operationsgebiet im Osten (ohne Finnland):
die vom OKH bestimmten Befehlshaber des Heeres,
b) im Küstenbereich des AOK Lappland:
der Oberbefehlshaber des AOK Lappland,
c) in Norwegen:
der Wehrmachtbefehlshaber in Norwegen,
d) in Dänemark:
der Befehlshaber der deutschen Truppen in Dänemark,
e) in den besetzten Westgebieten (einschl. Niederlande):
der Oberbefehlshaber West.
Die gemäß d) und e) verantwortlichen Befehlshaber werden für die Aufgaben der Küstenverteidigung unmittelbar dem Oberkommando der Wehrmacht unterstellt.
f) auf dem Balkan (einschl. der besetzten Inseln):
der Wehrmachtbefehlshaber Südost,
g) in Ostland und Ukraine:
die Wehrmachtbefehlshaber Ostland und Ukraine,
h) im Heimatkriegsgebiet:
die Kommandierenden Admirale.

2.) Die in III.) 1.) bestimmten Befehlshaber haben im Rahmen dieser Aufgabe Befehlsbefugnisse gegenüber den Kommandobehörden der Wehrmachtteile, den eingesetzten deutschen zivilen Dienststellen, sowie gegenüber den in ihrem Bereich befindlichen Verbänden und Gliederungen außerhalb der Wehrmacht.

In Ausübung dieser Befugnisse geben sie die für die Verteidigung der Küsten erforderlichen taktischen, organisatorischen und Versorgungsanordnungen und überzeugen sich von ihrer Durchführung. Auf die Ausbildung nehmen sie soweit Einfluß, wie es der Einsatz für den Kampf zu Lande erfordert. Die erforderlichen Unterlagen sind ihnen zur Verfügung zu stellen.

3.) Im Rahmen der zu treffenden Anordnungen und Maßnahmen sind in erster Linie sicherzustellen:
a) die Einbeziehung sämtlicher militärisch und wehrwirtschaftlich wichtigen Anlagen, besonders auch der Kriegsmarine (U-Bootbasen) und Luftwaffe, in befestigte Räume oder Stützpunkte,
b) einheitliche Steuerung der Küstenüberwachung,
c) die infanteristische Abwehr der befestigten Räume und Stützpunkte,
d) die infanteristische Abwehr aller außerhalb der befestigten Räume und Stützpunkte befindlichen Einzelposten, z. B. Küstenwachen, Flugmeldeposten,
e) die artilleristische Abwehr gegen Landziele (bei Einsatz neuer und Umstellung bereits vorhandener Küstenbatterien haben die Forderungen des Seekrieges den Vorrang),
f) die Abwehrbereitschaft, der Ausbau und die Bevorratung der Anlagen ebenso wie die Abwehrbereitschaft und Bevorratung außerhalb von Anlagen befindlicher Einzelposten. (Hierzu gehört auch die Ausstattung mit den für die Verteidigung erforderlichen Waffen, Minen, Handgranaten, Flammenwerfern, Hindernismaterial usw.),
g) die Nachrichtenverbindungen,
h) die Überprüfung der Alarmbereitschaft und der

infanteristischen und artilleristischen Ausbildung im Rahmen der gestellten Abwehraufgaben.

4.) Die gleichen Befugnisse erhalten die Kommandeure der örtlichen Kommandobehörden bis zu den Abschnittsbefehlshabern, soweit ihnen die verantwortliche Verteidigung der Küstenabschnitte übertragen ist.
Als solche sind von den nach III.) 1.) eingesetzten Befehlshabern im allgemeinen die Kommandeure der im Küstenschutz eingesetzten Divisionen des Heeres, in Kreta der „Festungskommandant Kreta" zu bestimmen.
Soweit es ihre sonstigen Aufgaben erlauben, sind in einzelnen Abschnitten oder Unterabschnitten, besonders aber in ausgesprochenen Luft- und Marinestützpunkten die örtlichen Kommandanten oder Befehlshaber der Luftwaffe oder der Kriegsmarine mit der Verantwortung für die Gesamtverteidigung zu betrauen.

5.) Seestreitkräfte und die Streitkräfte der Luftwaffe für operative Kriegführung unterstehen der Kriegsmarine bzw. der Luftwaffe. Sie sind jedoch bei feindlichen Angriffen auf die Küsten gehalten, den Anforderungen der für die Abwehr verantwortlichen Befehlshaber im Rahmen ihrer taktischen Möglichkeiten zu entsprechen. Sie müssen daher in den Nachrichtenaustausch als Grundlage ihres Einsatzes eingegliedert sein. Mit ihren Kommandobehörden ist enge Verbindung zu halten.

IV.) Sonderaufgaben der Wehrmachtteile im Rahmen der Küstenverteidigung:

1) Kriegsmarine:
   a) Organisation und Schutz des Küstenverkehrs,
   b) Ausbildung und Einsatz der gesamten Küstenartillerie gegen Seeziele,
   c) Einsatz der Seestreitkräfte.

2) Luftwaffe:
   a) Luftverteidigung in den Küstengebieten.
   Die Heranziehung der zur Abwehr von feindlichen Landungen geeigneten und verfügbaren Flak-Artillerie nach Anweisung der örtlichen für die Verteidigung verantwortlichen Befehlshaber wird hierdurch nicht berührt.
   b) Ausbau der Flieger-Bodenorganisation und ihres Schutzes gegen Angriffe aus der Luft und gegen überraschende Angriffe auf der Erde, letzteres, soweit die Flugplätze nicht in die Küstenverteidigung einbezogen und hierdurch nicht ausreichend gesichert sind.
   c) Einsatz der operativen Luftstreitkräfte.
   Aus diesen Sonderaufgaben sich ergebende Doppelunterstellungen müssen in Kauf genommen werden.

V.) Dieser Weisung entgegenstehende Befehle und Anordnungen treten mit dem 1.4.1942 außer Kraft.

Neue Kampfanweisungen, die auf Grund meiner Weisung von den verantwortlichen Befehlshabern erlassen werden, sind mir über das OKW vorzulegen.

(gez.) Adolf Hitler

Der Führer

OKW/WFSt/Op. Nr. 662656/43 g. K. Chefs.

F. H. Qu., den 3.11.43

Chefsache!
Nur durch Offizier!

27 Ausfertigungen
8. Ausfertigung

Weisung Nr. 51

Der harte und verlustreiche Kampf der letzten zweieinhalb Jahre gegen den Bolschewismus hat die Masse unserer militärischen Kräfte und Anstrengungen aufs Äußerste beansprucht. Dies entsprach der Größe der Gefahr und der Gesamtlage. Diese hat sich inzwischen geändert. Die Gefahr im Osten ist geblieben, aber eine größere im Westen zeichnet sich ab: die angelsächsische Landung! Im Osten läßt die Größe des Raumes äußersten Falles einen Bodenverlust auch größeren Ausmaßes zu, ohne den deutschen Lebensnerv tödlich zu treffen.

Anders der Westen! Gelingt dem Feind hier ein Einbruch in unsere Verteidigung in breiter Front, so sind die Folgen in kurzer Zeit unabsehbar. Alle Anzeichen sprechen dafür, daß der Feind spätestens im Frühjahr, vielleicht aber schon früher, zum Angriff gegen die Westfront Europas antreten wird.

Ich kann es daher nicht mehr verantworten, daß der Westen zu Gunsten anderer Kriegsschauplätze weiter geschwächt wird. Ich habe mich daher entschlossen, seine Abwehrkraft zu verstärken, insbesondere dort, von wo aus wir den Fernkampf gegen England beginnen werden. Denn dort muß und wird der Feind angreifen, dort wird – wenn nicht alles täuscht – die entscheidende Landungsschlacht geschlagen werden.

Mit Fesselungs- und Ablenkungsangriffen an anderen Fronten ist zu rechnen. Aber auch ein Großangriff gegen Dänemark ist nicht ausgeschlossen. Er ist seemännisch schwieriger, aus der Luft weniger wirksam zu unterstützen. Seine politischen und operativen Auswirkungen aber sind beim Gelingen am größten.

Zu Beginn des Kampfes wird die gesamte Angriffskraft des Feindes sich zwangsläufig gegen die Besatzung der Küste richten. Nur stärkster Ausbau, der unter Anspannung aller verfügbaren personellen und materiellen Kräfte der Heimat und der besetzten Gebiete aufs Höchste zu steigern ist, kann in der kurzen noch voraussichtlich verfügbaren Zeit unsere Abwehr an den Küsten stärken.

Die Dänemark und den besetzten Westgebieten in nächster Zeit zufließenden bodenständigen Waffen (s. Pak, unbewegliche, in die Erde einzugrabende Panzer, Küstenartillerie, Landeabwehrgeschütze, Minen usw.) sind schwerpunktmäßig scharf zusammengefaßt an den bedrohtesten Küstenabschnitten einzusetzen. Es ist in Kauf zu nehmen, daß dabei die Verteidigungskraft weniger bedrohter Abschnitte in nächster Zeit noch nicht verbessert werden kann.

Erzwingt der Feind trotzdem durch Zusammenfassen seiner Kräfte eine Landung, so muß ihn unser mit größter Wucht geführter Gegenangriff treffen. Es kommt darauf an, durch ausreichende und schnelle Zuführung von Kräften und Material und durch intensive Ausbildung die vorhandenen großen Verbände zu hochwertigen, angriffsfähigen und voll beweglichen Eingreifreserven zu machen, die durch Gegenangriff die Ausweitung einer Landung verhindern und den Feind ins Meer zurückwerfen.

Darüber hinaus muß durch genaue bis ins einzelne vorbereitete Behelfsmaßnahmen aus den nicht angegriffenen Küstenfronten und aus der Heimat alles mit größter Beschleunigung gegen den gelandeten Feind geworfen werden, was irgendwie einsatzfähig ist.

Luftwaffe und Kriegsmarine müssen den zu erwartenden starken Angriffen aus der Luft und über See mit allen nur greifbaren Kräften in rücksichtslosem Einsatz entgegentreten.

Dazu befehle ich:

A) Heer

1.) Chef Generalstab des Heeres und Generalinspekteur der Panzertruppen legen mir baldigst einen Plan über die Zuteilung von Waffen, Panzern, Sturmgeschützen, Kraftfahrzeugen und Munition innerhalb der nächsten drei Monate für die Westfront und für Dänemark vor, der der neuen Lage Rechnung trägt.
Hierbei ist zu Grunde zu legen:
a) Ausreichende Beweglichkeit aller Panzer- und Panzer-Grenadier-Divisionen im Westen und Ausstattung dieser Verbände mit je 93 Pz. IV bzw. Sturmgeschützen und starker Panzerabwehr bis Ende Dezember 1943.
Beschleunigte Umgliederung der 20. Luftwaffen-Feld-Division zu einem kampfkräftigen beweglichen Eingreifverband unter Zuteilung von Sturmgeschützen bis Ende 1943.

Beschleunigte waffenmäßige Auffüllung der SS-Pz. Gren. Div. „H. J." der 21. Pz. Div. und der in Jütland eingesetzten Inf.- und Reserve-Divisionen.
b) Weitere Auffüllung der Reserve-Panzer-Divisionen im Westen und Dänemark sowie der Sturmgeschütz-Ausbildungs-Abteilung in Dänemark mit Pz. IV, Sturmgeschützen und s. Pak.
c) Monatliche Zuweisung von 100 s. Pak 40 und s. Pak 43 (davon die Hälfte beweglich) im November und Dezember zusätzlich zu den für die Neuaufstellungen im Westen und Dänemark erforderlichen s. Pak.
d) Zuweisung einer größeren Anzahl von Waffen (dabei etwa 1000 MG) zur Verbesserung der Ausstattung der im Küstenschutz Westen und Dänemark eingesetzten bodenständigen Divisionen und zur einheitlichen Ausstattung der aus nicht angegriffenen Abschnitten herauszuziehenden Truppenteile.
e) Reichliche Ausstattung der in bedrohten Abschnitten liegenden Verbände mit Panzer-Nahbekämpfungsmitteln.
f) Verbesserung der artilleristischen Kampfkraft und der Panzerabwehr der in Dänemark liegenden und in den besetzten Westgebieten im Küstenschutz eingesetzten Verbände und Verstärkung der Heeresartillerie.

2.) Alle im Westen und in Dänemark liegenden Truppenteile und Verbände sowie alle im Westen neuaufzustellenden Panzer-, Sturmgeschütz- und Panzerjägereinheiten dürfen ohne meine Genehmigung nicht für andere Fronten abgezogen werden.
Chef Generalstab des Heeres bzw. Generalinspekteur der Panzertruppen melden mir die Beendigung der

Ausstattung der Panzer-Abteilungen, Sturmgeschütz-Abteilungen, Panzerjäger-Abteilungen und Kompanien über OKW/WFSt.

3.) Ob. West legt über das bisherige Maß hinaus kalendermäßig und durch Kriegsspiele und Rahmenübungen das Heranführen von behelfsmäßig angriffsfähig zu machenden Verbänden aus nicht angegriffenen Frontabschnitten fest. Hierbei fordere ich das rücksichtslose Entblößen nichtbedrohter Abschnitte bis auf geringe Bewachungskräfte. Für Räume, aus denen Reserven abgezogen werden, sind Sicherungs- und Bewachungskräfte aus Sicherungs- und Alarmeinheiten bereitzustellen, desgleichen Baukräfte zum Offenhalten der durch die feindliche Luftwaffe voraussichtlich zerstörten Verkehrswege unter weitgehender Ausnutzung der Bevölkerung.

4.) Der Befehlshaber der deutschen Truppen in Dänemark trifft in seinem Befehlsbereich Maßnahmen entsprechend Ziffer 3.

5.) Chef H Rüst u BdE stellt aus Lehrtruppen, Lehrgängen, Schulen, Ausbildungs- und Genesenden-Truppenteilen des Heimatkriegsgebietes Kampfgruppen in Regimentsstärke, Sicherungsbataillone und Bau-Pionier-Bataillone entsprechend Sonderbefehl so bereit, daß sie innerhalb von 48 Stunden nach Aufruf abtransportiert werden können.
Darüber hinaus ist weiter verfügbares Personal in Marsch-Bataillone mit den verfügbaren Waffen einzuteilen, um die zu erwartenden hohen Verluste schnell ausgleichen zu können.

B) Luftwaffe:

Durch Verstärken der Angriffs- und Abwehrkraft der im Westen und in Dänemark befindlichen Verbände der Luftwaffe ist der neuen Gesamtlage Rechnung zu tragen. Hierbei ist vorzubereiten, daß alle verfügbaren und für den Abwehrkampf geeigneten Kräfte an fliegenden Verbänden und beweglicher Flakartillerie aus der Heimatluftverteidigung, aus Schulen und aus Ausbildungseinheiten des Heimatkriegsgebietes für den Einsatz im Westen und gegebenenfalls in Dänemark freigemacht werden.

Der Ausbau der Bodenorganisation in Südnorwegen, Dänemark, Nordwestdeutschland und im Westen ist so vorzubereiten und zu bevorraten, daß durch größtmögliche Auflockerung die eigenen Verbände bei beginnendem Großkampf den feindlichen Bombenangriffen entzogen werden und die Wirkung der feindlichen Angriffskraft zersplittert wird. Dies trifft besonders für die eigenen Jagdkräfte zu, deren Einsatzmöglichkeit durch zahlreiche Feldflugplätze erhöht werden muß. Auf beste Tarnung ist besonders zu achten. – Auch hier erwarte ich rücksichtsloses Bereitstellen aller Kräfte unter Entblößen weniger bedrohter Gebiete.

C) Kriegsmarine:

Die Kriegsmarine bereitet den Einsatz möglichst starker, zum Angriff gegen die feindlichen Landungsflotten geeigneter Seestreitkräfte vor. Die im Ausbau befindlichen Küstenverteidigungsanlagen sind mit größter Beschleunigung fertigzustellen, die Aufstellung weiterer Küstenbatterien sowie die Möglichkeit einer Auslegung zusätzlicher Flankensperren ist zu prüfen.

Der Einsatz sämtlicher für den Erdkampf geeigneten Soldaten von Schulen, Lehrgängen und sonstigen Landkommandos ist so vorzubereiten, daß ihre Verwendung im Kampfgebiet feindlicher Landungsoperationen zumindestens als Sicherungsverbände in kürzester Frist erfolgen kann.

Bei den Vorbereitungen der Kriegsmarine für die Verstärkung der Verteidigung im Westraum ist die gleichzeitige Abwehr von Feindlandungen im norwegischen oder dänischen Raum besonders zu berücksichtigen. Hierbei messe ich der Bereitstellung zahlreicher U-Boote für die nördlichen Seegebiete besondere Bedeutung bei. Eine vorübergehende Schwächung der Atlantik-U-Bootskräfte muß in Kauf genommen werden.

D) SS:

Reichsführer SS prüft das Bereitstellen von Kräften der Waffen-SS und Polizei zu Kampf-, Sicherungs- und Bewachungsaufgaben. Aus Ausbildungs-, Ersatz- und Geneseneneinheiten sowie Schulen und sonstigen Einrichtungen im Heimatkriegsgebiet ist die Aufstellung von einsatzfähigen Verbänden für Kampf- und Sicherungsaufgaben vorzubereiten.

E)

Die Oberbefehlshaber der Wehrmachtteile, der Reichsführer SS, der Chef des Gen. St. d. H., der Ob. West, der Chef H Rüst u BdE und der Generalinspekteur der Panzertruppen sowie der Befehlshaber der deutschen Truppen in Dänemark melden mir bis 15. November die getroffenen und beabsichtigten Maßnahmen.

Ich erwarte, daß in der noch zur Verfügung stehenden Zeit von allen Dienststellen mit höchster Anspannung die Vorbereitungen für die zu erwartende Entscheidungsschlacht im Westen getroffen werden.

Alle Verantwortlichen wachen darüber, daß nicht nutzlos Zeit und Arbeitskraft in Zuständigkeitsfragen vergeudet, sondern Abwehr- und Angriffskraft gefördert werden.

(gez.) Adolf Hitler

Nachwort

Die beständige Bleibe, der Stahlbetonmonolith, ist weniger ein Schutzraum, ein „Festes Haus“ als vielmehr das perfekte Symbol für die Einschließung der Geschichte.

Ob als Atombunker oder als „Rückzugsraum“ in den Atomkraftwerken, durch Ummantelung oder sogar durch einen Sarkophag, wie in Tschernobyl, vor der Radioaktivität geschützt, hat die kryptische Architektur letztendlich das 20. Jahrhundert geprägt. Im 21. Jahrhundert gibt es keinen ökologischen Rückzugsraum mehr, angesichts der zeitlichen Kompression der Distanzen auf unserem kleinen Planeten, wo sich zum Treibhauseffekt einer verschmutzten *Natur* der unbemerkte Treibhauseffekt der *Lebensgröße* (*grandeur nature*) gesellt, weil die Beschleunigung der Realität nicht nur die Biodiversität, sondern ebenso die Geodiversität einer einst gigantischen terrestrischen Ausdehnung erschöpft. So taucht die unerhörte Möglichkeit eines *Geozids* (Michel Deguy) auf, der bald die *Genozide* der Vergangenheit ablösen könnte, mit einer unverhohlen wider-natürlichen Erfindung einer Waffe, die ihre Energie aus *Antimaterie* bezieht, und vor der es keinerlei Schutz, keinerlei Rückzugsraum mehr gäbe.

Als „Denkmal der Gefahr“ des Exzesses eines Desasters des konstruktiven Denkens ist der *Bunker* damit zur emblematischen Figur einer „Hoffnung gegen jede Hoffnung“ angesichts der Verhexung durch eine Wissenschaft geworden, die sich nicht nur jeglichen Gewissens, sondern auch jeglichen Sinns entledigt hat, durch ein Übermaß an technischem, jedoch keineswegs ethischem Erfolg, der nur noch der Unfall eines Könnens ist, und dem keine physikalische Substanz widerstehen, den keine geophysikalische Distanz unbeschadet überdauern kann.

Verschmutzung der auf Erden, im Herzen der Biosphäre, angesammelten Erkenntnisse, und – *post mortem* – Triumph des wissenschaftlichen Zweifels, den sich noch Karl Popper vorbehielt, als er den fortschrittstrunkenen Wissenschaftlern sein berühmtes „Prinzip der Falsifizierbarkeit“ vorlegte, dieses andere Verantwortungsprinzip, von dem heute niemand mehr spricht.

Wenn uns heute die Ökologie auf so brutale Weise die Ausweglosigkeit des Fortschritts zeigt, diese „große Einschließung“, deren Opfer die Geschichte ist, was bleibt dann noch vom konstruktiven Denken, wenn nicht das Bauwerk *Bunker*, dessen massive Dichte Widerstand leistet? Weniger den Sprengstoffen, so wie einst, sondern vielmehr als Warnung vor einer Bedrohung, einer Implosion, die diesmal im Ursprung, in der unabwendbaren Kontraktion der zeitlichen Distanzen auf einem verschwindend kleinen Erdball besteht, ausgelöst durch einen Futurismus der Augenblicklichkeit, der den „Futurismus der Geschichte“ ablöst, den uns früher die Anhänger des Fortschritts feilboten.

Genau in dem Moment, wo der *Wall* von Neuem den Horizont der Geschichte versperrt, kehrt die Illusion des

Atlantiks als Festung mit ihrer ganzen zerstörerischen Ironie zurück.

Paul Virilio, im März 2008

Register

Der Atlantikwall ist auf der Grundlage von vier wesentlichen Strukturen konzipiert: die *Festung*, wobei es sich im allgemeinen um Hafenbefestigungen handelt (Beispiel: Cherbourg), die *Küstenbatterie* mit großer Reichweite (Beispiel: Lindemann), die leichte *Artilleriebatterie* mit mittlerer Reichweite und schließlich der *Stützpunkt*.

Auf der Grundlage von Modellplänen erbaut, die den fünf Kategorien entsprechen, die in der Bunker-Typologie des Atlantikwalls dargestellt wurden, wird der Bunker sodann an die geographischen und strategischen Gegebenheiten seines Standorts sowie an die Erfordernisse der Waffensysteme, mit denen er bestückt wird, angepaßt. Da die Standorte des Bunkers entlang der europäischen Küste sehr verschiedener Natur sind (Strände, Felsen, Flußmündungen, Inseln usw.) werden Veränderungen an den Plänen vorgenommen; was die Bewaffnung betrifft, die sehr häufig aus den Arsenalen der besiegten Armeen stammt und deshalb nicht einheitlich ist, so wird sie ihrerseits Probleme bei der Gestaltung sowohl der Innenräume als auch der Schießscharten mit sich bringen. Schließlich wird das Problem der Materialeinsparung (Stahl für die Panzerung oder die Stahleinlagen, die für den Betonguß notwendigen Schalhölzer) die Erbauer (Festungspioniere, Organisation Todt) zu unterschiedlichen Ausführungen veranlassen: Zement wird den Stahl der Geschütztürme und -glocken ersetzen, die Stahleinlage des Stahlbetons wird auf das Allernotwendigste reduziert, und der Beton wird zwischen Mauersteinen gegossen werden, die die Schalhölzer ersetzen.

Bunker (für Einzelpersonen oder Gruppen)

Der Bunker für Einzelpersonen entspricht im allgemeinen dem Schildhäuschen der Schildwache und der Notwendigkeit einer Überwachung der Umgebung des Stützpunktes oder der Batterie. Der Bunker für Gruppen schützt ein mehr oder weniger großes Truppenkorps während eines Luft- oder Bodenbombardements der Umgebung. Er verfügt über eine Verteidigungseinrichtung für seine Zugänge, im allgemeinen über ein oder zwei Maschinengewehrnester sowie Schießscharten, von denen aus die Eingangstür überwacht werden kann. Manchmal beherbergt er verschiedene Ausrüstungsgegenstände für die Nachrichtenübertragung, Sanitätsstationen, Transformatoren, Verpflegungsstellen usw.

Stützpunkt

Der Küstenstützpunkt ermöglicht es, eine ununterbrochene Verteidigungslinie sicherzustellen, und versammelt verschiedene Waffentypen in einem kleinen Umkreis (300 bis 400 Meter): Panzerabwehrkanone, Maschinengewehr, Granatwerfer, Flammenwerfer, leichtes Flugabwehrgeschütz usw. sowie passive Einrichtungen wie etwa Truppenschutzräume oder -unterkünfte. Das Ganze ist von Gräben oder Panzerabwehrwällen sowie Stacheldrahtgeflechten umgeben, wobei die Front zum Meer hin vermint und durch Hindernisse für Landungsboote geschützt ist: Tetraeder, Stacheldrahtwalzen usw. Seine Aufgabe besteht darin, neben den Landungsbooten und -schuten, die abgesetzte Infanterie sowie die Panzer zu treffen. Der Stützpunkt befindet sich also in vorgeschobener Stellung am Küstenrand, während die Küstenbatterien im allgemeinen zurückversetzt sind oder sich auf einem Kap befinden. Die Küstenstützpunkte folgen in der Tat in ununterbrochener Reihenfolge zwischen den großen Hafenmolen aufeinander, und das von Norwegen bis Spanien und bis Italien.

U-Boot-Basis

Es handelt sich um große Anlagen, die dazu bestimmt sind, die U-Boote während der Vorbereitung auf ihre Feindfahrten oder während der Wartung nach der Rückkehr von ihren Einsätzen zu schützen. Dieses Bauwerk, das aus etwa 12 Zellen pro Einheit besteht, beherbergt die Werkstätten und die Becken für die Reparatur der U-Boote und auch die Reserven und Laderäume, verbunden mit einer Unterkunft für die Mannschaften (die Basis von Lorient konnte fünftausend Menschen aufnehmen). Besondere Sorgfalt wurde auf den Schutz gegen Luftbombardements verwandt, zunächst durch die Abdeckung der Zellen mit großen Betonplatten mit einer mittleren Dicke von sieben Metern, dann durch die Einsenkungen, die der Flugabwehrartillerie dienten, angefangen bei den vierfachen Maschinengewehrlafetten bis zu den 88 mm-Geschützen. Die U-Boot-Basen finden sich in den großen Häfen von

Norwegen bis Frankreich und sind integraler Bestandteil der Festungen.

Batterie

Eine Einheit, die, wenn es sich um schwere Artillerie handelt (Kaliber von 155–210 mm), im allgemeinen aus vier Geschützen besteht, manchmal aber auch aus weniger, nämlich dann, wenn es sich um Artillerie mit großer Reichweite handelt (Kaliber von 280–406 mm), und zwar wegen der Seltenheit dieser Waffentypen, die normalerweise von abgetakelten Schlachtschiffen stammen. Ein Geschützleitstand ermöglicht die telemetrische und radiophonische Einstellung und Koordinierung des Geschützfeuers.

Im Falle der Artillerie mit dreißig bis vierzig Kilometer Reichweite ist jedes Geschütz im allgemeinen mit einem Telemeter ausgestattet; der Leitstand wird hierbei überflüssig, wie etwa bei den Batterien Lindemann und Todt. Die Küstenbatterien dienen im wesentlichen der Zerstörung von Seezielen: Kriegsschiffen, Truppentransporten usw.

Der Umkreis der Batterien wird durch Verteidigungsbunker, die denjenigen der Stützpunkte ähnlich sind, gegen die feindlichen Hinfälle geschützt.

Bunker der leichten Artillerie

Dieser Bunkertyp, in dem sich ein klassisches Feldgeschütz oder Panzerabwehrgeschütz findet, ermöglicht es, den Strand oder die unmittelbare Umgebung eines

Stützpunktes direkt ins Visier zu nehmen, wobei diese Artillerie in der Tat die anderen Verteidigungstypen (etwa die Maschinengewehrnester) vervollständigt. Ihr Hauptziel ist ein anlandender Feind, die Infanterie oder ihre Begleitpanzer oder aber die Landungsschuten, die die Truppentransporte ablösen.

Beweglicher Bunker (experimentell)

Dieser Bunker für die schwere Artillerie (mehrere hundert Tonnen Beton) dreht sich auf seinem Sockel: dem Magazin-Bunker. Er kann von zwei Männern entweder manuell oder elektronisch bewegt werden. Der wesentliche Nachteil der klassischen Artilleriebunker besteht offensichtlich in der beträchtlichen Beschränkung des Schußfeldes für das Geschütz; was die mobilen Geschütztürme aus Stahl betrifft, so waren sie, genau wie die der Kriegsschiffe, zu kostspielig. Um diese Nachteile zu beseitigen, entschloß sich General Habicht zur Herstellung der beweglichen Geschütztürme aus Beton: Während gefeuert wurde, zeigte der Bunker mit seiner offenen Flanke in Schußrichtung, nach Einstellung des Feuers zeigte er mit seiner Rückseite in Schußrichtung.
Der Nachteil bestand darin, daß ein gezielter Treffer auf die Laufrollen den Bunker endgültig bewegungsunfähig machen konnte.

Tarnung

Um die Identifizierung durch den Feind zu verhindern, waren die meisten Befestigungsbauten des Atlantikwalls den Blicken entweder durch einen Anstrich oder durch Tarnnetze, in die man Äste und Laubwerk einließ, entzogen. Um das Schimmern des Betons, das von der Luftwaffe leicht ausgemacht werden konnte, zu verhindern, war die Betonoberfläche einiger Bunker reliefartig gearbeitet.

Gepanzerte Glocke

Stahlkuppel, die auf einem Betonbunker montiert und entweder mit einer Beobachtungsvorrichtung wie Teleskop, Periskop usw. oder leichter Bewaffnung ausgestattet ist. Einige dieser Glocken stammten von den Kommandotürmen der Maginot-Linie und wurden von den Deutschen wiederverwendet.

Einsenkung

Wie der Name sagt, handelt es sich um offene Einsenkungen ohne Dachplatten, die meist die Flugabwehrwaffen und manchmal technische Ausrüstungsgegenstände wie Scheinwerfer, Radaranlagen usw. umgeben. Der Schutzraum für die Besatzung ist zusammen mit den Magazinen unter der Einsenkung verborgen. Damit ein hohes Maß an Beweglichkeit für die Kanone bewahrt werden konnte, wurden schwere Artilleriegeschütze manchmal auf diese Weise unter freiem Himmel installiert (in Loon-plage beispielsweise), die Luftüberlegenheit der Alliierten jedoch ließ diese Methode zu gefährlich werden, die letztlich nur für die vertikale Flugabwehrartillerie geeignet war.

Einsenkung auf einem Magazin-Bunker

Dieser Bunkertyp ohne Deckenschutz diente im allgemeinen ausschließlich der vertikalen Flugabwehrartillerie, weil er großen Risiken ausgesetzt war. Hier schützt der Beton im wesentlichen das Munitionsmagazin; die beiden monumentalen Treppen verbergen den Zugang zu diesem Magazin, und das Geschütz befand sich unter freiem Himmel.

Schulterwehr aus Beton

Eckverstärkung eines Befestigungsbaus.

Seitliche Schulterwehr

Sie dienen dem Schutz der hinteren Bereiche des Bauwerkes vor den Blicken und Treffern des Feindes.

Vordere (offene) Fassade des Artilleriebunkers

Neben dem Vorhandensein oder Nicht-Vorhandensein der „Todt-Front“ oberhalb der Schießscharte und der Einfassung mit vertikalem Zackenwerk der Geschützöffnung kann man auch den Wechsel von runden und stumpfwinkeligen Profilen feststellen, der nicht nur die unterschiedlichen Modellpläne (oder Bewaffnungstypen), sondern gleichfalls die Herkunft des Bauwerks offenbart. Die Festungspioniere bevorzugten im allgemeinen den abgetragenen Winkel; die Organisation Todt den abgerundeten Winkel. Das Ziel war dasselbe: die Zerbrechlichkeit des rechten Winkels zu vermeiden. Wenn die Fassade glatt ist, dann soll sie eigentlich von einer gepanzerten Platte verborgen werden.

Flakturm

Turm, der im allgemeinen im urbanen Umfeld errichtet wurde und die Dächer einer Stadt überragte. Jeder Turm verfügte auf seinem Dach über eine oder mehrere Einsenkungen für die Flugabwehrgeschütze oder manchmal über ein Radarsystern für die Geschützjustierung.

Festung

Sie versetzt den Umkreis eines großen Hafens in den Verteidigungszustand, um dem Feind die Einnahme eines für die Landung günstigen Ortes von See oder vom Land her unmöglich zu machen.

Todt-Front

Benannt nach Fritz Todt, dem ersten Verantwortlichen für die Festung Europa. Kleiner abgestufter, vorspringender Sockel oberhalb der Schießscharte, durch den es möglich ist, den Trichtereffekt der offenen Fassade des Bunkers zu vermeiden. Im Kampf mit der feindlichen Artillerie drohte diese Öffnung tatsächlich wie ein Trichter zu wirken und das Eindringen der Projektile in die Befestigungsanlage, d. h. seine Zerstörung zu erleichtern.

Luftschutzraum

Die Luftschutzräume fanden sich im allgemeinen in den Städten und dienten dazu, die Bevölkerung eines Wohnviertels zu schützen. Zylindrisch oder quadratisch geformt, nahmen diese Bunker die Zivilbevölkerung während des Luftalarms auf. Zunächst waren diese öffentlichen Schutzräume, von denen es zu wenige gab, Parteimitgliedern und Familien von Gefallenen vorbehalten. Der Innenraum untergliederte sich in Zellen, die um ein schraubenförmiges Geländer oder eine Zugangstreppe herum angeordnet waren. Da es keine Fenster gab, verfügten diese kollektiven Schutzräume über ein elektrisches Belüftungssystem, um jedoch Energie zu sparen, waren die Innenwände mit einem phosphoreszierenden Putz überzogen. Einige dieser Bunker konnten mehrere Tausend Menschen aufnehmen. Die ausgereifteste Form dieser Schutzräume war ein aerostatisches Profil, das die Flugbahn der Bomben umleiten und somit den direkten Einschlag verhindern sollte.

Befehlsstand

Es kann sich hierbei entweder um den Befehlsstand eines Stützpunktes oder einer Küstenbatterie handeln. Im letzten Falle befindet sich auf der Abdeckung des Gebäudes eine kleine, von einer Betonplatte abgedeckte Einsenkung, die den Telemeter schützt. Im ersten Fall ist die Telemetrie unnütz, denn der Stützpunkt verfügt über kein schweres Geschütz. Neben der Telemetrie enthält der Befehlsstand die für die Übertragung der Befehle notwendigen Geräte; er verfügt auch über eine Nahverteidigung gegen Infanterieangriffe. Der Schlitz unterhalb der Betonkuppel ermöglicht die Kontrolle des Strandes und der unmittelbaren Umgebung.

Gefechtsleitstelle

Sie besitzt die gleiche Funktion wie der Gefechtsleitturm, unterscheidet sich jedoch durch ihre waagerechte Lage von ihm. Im Gegensatz zum Befehlsstand hat sie mehrere Ebenen: eine erste Deckplatte, die den Telemeter schützt; eine zweite, direkt darunter befindliche Platte bedeckt die Leitstelle, und manchmal schützt eine dritte, in Bodenhohe befindliche Platte, das Kommando des Umkreises der Batterie. Auch hier sind die geostrategischen Bedingungen von entscheidender Bedeutung.

Abschußstelle

Bei der Abschußstelle für die V 1 (oder: gesteuerte Bomben) handelt es sich um eine Abschußrampe mit einem kleinen Gefechtsbefehlsbunker und einem Tunnel, in dem die Flugkörper untergebracht waren. Die Piloten der Alliierten nannten sie „Ski-Ort“, denn sie ähnelten sehr den Skisprungschanzen. Bei den Abschußstellen für die V 2 (oder: stratosphärische Raketen) handelte es sich um sehr viel weitläufigere und komplexere Anlagen. Die erste Abschußstelle war der Krater von Peenemünde, der die Form der Einsenkungen auf den Bunkern wieder aufnahm, allerdings in wesentlich größeren Dimensionen: von zehn Metern Durchmesser für die klassische vertikale Artillerie bis zu mehreren hundert Metern für die ersten Raumraketen. Im Anschluß hieran war es der Bunkertyp von Watten, bei dem die Rakete horizontal montiert wurde, bevor sie an den Toren des Befestigungsbaus vertikal aufgerichtet wurde. Später war es die Riesenkuppel von Wizernes, bei der dieselben Vorgänge wiederholt werden sollten, bei dem die Rakete aber aufrecht in den Himmel gerichtet das Gebäude verließ. . . Man hatte noch andere Projekte entworfen, schließlich aber wurden die V 2 von mobilen, maschinengezogenen Plattformen aus abgeschossen.

Tobruk

Eigenname für den einfachsten Bunkertyp. Es handelt sich um eine kleine Kasematte, die aus einer kleinen Schüssel, in der eine automatische Waffe, ein Maschinengewehr oder ein von der feindlichen Armee erbeuteter Panzerturm (insbesondere vom Renault-Panzer F.T.) Platz fand, sowie aus einem kleinen Bunker-Magazin für zwei oder drei Soldaten besteht. Er ähnelt ein wenig den Panzerfahrzeugen, die Rommel bei den Schlachten des Afrikakorps in die Wüste eingraben ließ.

Gefechtsleitturm (oder Beobachtungsturm)

Hiervon gibt es am Atlantikwall nur recht wenige, wobei sich jeder von ihnen entweder auf einer Insel oder einem niedrigen Küstenstreifen am Wasser befindet. Wie der Name schon sagt, wird von hier aus das Feuer einer Küstenbatterie befehligt; die Schlitze, die sich über den oberen Teil des Bauwerkes verteilen, ermöglichen es dem Kommando, die Beobachtung der Umgebung in ebenso viele Sektoren aufzuteilen. Manchmal vervollständigen

Ausrüstungsgegenstände unterschiedlicher Art den Gefechtsleitturm: Radaranlagen, Scheinwerfer usw.

Diese Gefechtsleittürme, wie die gleichnamigen Stellen, befinden sich vor oder hinter der Linie der Artilleriebunker; auch hier ist der Standort wichtigster Imperativ.

Anmerkungen

1 Französisches Département in der Bretagne, in dem die Deutschen die Landung der alliierten Truppen erwarteten und in dem wesentliche Teile des Atlantikwalls zu finden sind.

2 *Quelle:* Walther HUBATSCH, *Hitlers Weisungen für die Kriegführung 1939–1945. Dokumente des Oberkommandos der Wehrmacht*, 2. Auflage, Bonn: Bernard & Graefe Verlag 1983, S. 61–65, S. 176–182, S. 233–238.

Editorische Notiz

Dieser Text wurde erstmalig 1975 im Rahmen der Ausstellung „Bunker Archéologie – Paul Virilio“ im Musée des Arts décoratifs veröffentlicht. Die Rechte der auf den Seiten 14 und 173 abgebildeten Fotografien liegen beim Autor, jene der übrigen Abbildungen bei Les Éditions Galilée, Paris. Der Abdruck der Übersetzung (mit Ausnahme des Nachworts) erfolgt mit freundlicher Genehmigung des Carl Hanser Verlags.

Bibliographie

BEKKER C., *Radar*. France-Empire, Paris 1960.

BROOKS S., „War time watch towers", in: *Architectural Record*, 4/1962.

DELESQUEN, „Le Mur de l'Atlantique", in: *La Revue du Génie*, 1952.

DELPEU'CH, „Le Mur de l'Atlantique", in: *La Revue de la Marine nationale*.

EIS E., *L'Illusion des remparts*. Le Livre contemporain, Paris 1959.

GAMELIN P., *Les Blockhaus de l'illusoire*. Éd. Daniel, Paris 1974.

HITLER A., *L'Expansion du IIIe Reich*. Plon, Paris 1962.

IRVING D., *À bout portant sur Londres*. Laffont, Paris 1967.

JÜNGER E., *Jardins et routes*. Plon, Paris 1951.

KLEE E., MERK O., *Les Pionniers de l'espace*. Albin Michel, Paris 1964.

LEPOTIER, „L'Atlantikwall à Brest", in: *La Revue maritime*, 1955.

LIPPE T., *La Bosse de béton*. éd. auteur, Bruxelles 1973.

MAJDALANY F., *La Forteresse Europe*. Tallandier, Paris 1971.

MALLORY K., OTTAR A., *Architecture of aggression*. Architectural Press, London 1973.

NOBÉCOURT R.-G., *Les Secrets de la propagande en France occupée*. Fayard, Paris 1962.
ROMMEL E., *La Guerre sans haine*. Presses de la Cité, Paris 1962.
RUGE F., *Rommel face au débarquement*. Presses de la Cité, Paris 1960.
SANTIAGO M., „Bellicose prophecies", in: *Architectural Record*, 7/1963.
SPEER A., *Au cœur du IIIe Reich*. Fayard, Paris 1971.
SPEIDEL H., *Invasion 44*. Flammarion, Paris 1964.
STJERNFELT B., *Alerte sur le Mur de l'Atlantique*. Presses de la Cité, Paris 1961.
TEUT A., *Architektur im Dritten Reich*. Ullstein, Berlin 1967.
VIRILIO P., *Architecture cryptique*. éd. auteur, Paris 1965 (vergriffen).
VIRILIO P., „Bunker archéologie", in: *Architecture Principe* #7, 3/1967.

„Barbara". Man kann den Stahlbart erkennen, der für die Befestigung der Tarnung bestimmt war.